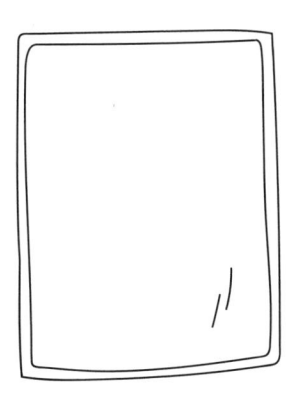

塑造性格

[英] 克里斯蒂安·贾勒特 —— 著

蒋宗强 —— 译

中信出版集团 | 北京

图书在版编目（CIP）数据

塑造性格 /（英）克里斯蒂安·贾勒特著；蒋宗强译 . -- 北京：中信出版社，2022.7
书名原文：Be Who You Want: Unlocking the Science of Personality Change
ISBN 978-7-5217-4223-7

I.①塑… II.①克… ②蒋… III.①性格形成 IV.① B848.6

中国版本图书馆 CIP 数据核字（2022）第 057372 号

Be who you want : unlocking the science of personality change by Christian Jarrett
Original English Language edition Copyright © 2021 by Christian Jarrett
All Rights Reserved.
Published by arrangement with the original publisher, Simon & Schuster, Inc.
Chinese Simplified Translation copyright © 2022 by CITIC PRESS CORPORATION
本书仅限中国大陆地区发行销售

塑造性格

著者：［英］克里斯蒂安·贾勒特（Christian Jarrett）
译者： 蒋宗强
出版发行：中信出版集团股份有限公司
（北京市朝阳区惠新东街甲 4 号富盛大厦 2 座 邮编 100029）
承印者： 北京诚信伟业印刷有限公司

开本：880mm×1230mm 1/32 　印张：9.5 　字数：210 千字
版次：2022 年 7 月第 1 版 　印次：2022 年 7 月第 1 次印刷
京权图字：01-2021-4552 　书号：ISBN 978-7-5217-4223-7
定价：59.00 元

版权所有·侵权必究
如有印刷、装订问题，本公司负责调换。
服务热线：400-600-8099
投稿邮箱：author@citicpub.com

仅以此书献给祖德、罗斯和查理

目 录

VII 作者的话

第一章 你心中的自我

- 004 性格既有可塑性，又有稳定性
- 010 为什么性格很重要？
- 012 改变性格的理由
- 013 了解自己
- 014 柠檬性格测试
- 015 大五人格测试
- 023 改变性格的十个可行步骤

第二章　生活经历对性格的影响

027　婴幼儿时期的性格
036　考验和磨难
048　练习：回想你的生活经历
051　改变性格的十个可行步骤

第三章　病理性性格改变

056　盖奇"不再是原来的盖奇了"
061　"他不再是我们认识的那个人了"
066　"这显然不是她"
072　创伤可以分裂人格，但也会带来积极的改变
081　改变性格的十个可行步骤

| 第四章 | **生活事件对性格的影响** |

087　　如何解释你的行为方式：情境或性格

091　　性格的不稳定性与适应性

092　　和谁在一起会影响你的性格？

094　　你是"社交变色龙"吗？

098　　你是一个喜怒无常的人吗？

101　　情境选择策略

104　　饥饿与饮酒对性格的影响

108　　咖啡因对性格的影响

111　　大麻和致幻剂对性格的影响

114　　没有人是一座孤岛

117　　改变性格的十个可行步骤

| 第五章 | **选择改变自己** |

122　　改变的理由

128　　成功改变性格的三个基本原则

132　　有证据支持的性格改变策略

153　　做真实的自己，还是改变自己？

第六章 救赎：坏人可以变好

- 162 关于自我救赎的其他故事
- 166 救赎的障碍
- 173 好人也有变坏的时候
- 181 改变性格的十个可行步骤

第七章 暗黑性格的教训

- 188 你是一个自恋者吗？
- 190 自恋的利与弊
- 198 克服肤浅的自恋
- 200 你是精神病态者吗？
- 205 我们能从成功的精神病态者身上学到什么？
- 210 引导精神病态者走向光明
- 213 改变性格的十个可行步骤

第八章 性格重塑的十个原则

218 原则一：
为更大的目标去改变性格，成功的可能性更大

220 原则二：
只有先诚实地评价自己，才能有所进步

223 原则三：
真正的改变始于行动

225 原则四：
性格改变易于开始，却难以坚持

228 原则五：
性格改变是一个持续的过程，需要坚持追踪进展

231 原则六：
在性格改变的程度方面，要抱有务实的态度

234 原则七：
有别人的帮助，你成功的可能性更大

236 原则八：
生活总会给你设置障碍，而克服障碍的诀窍就是未雨绸缪，从容应对

238 原则九：
善待自己比打击自己更有可能带来持久的改变

241 原则十：
笃信性格改变的潜力和持续性是一种生存哲学

243　　　后　记

247　　　致　谢

251　　　注　释

作者的话

人真的会变吗？在过去的20余年间，我一直在撰写有关心理学和大脑科学的文章，并意识到这个问题对许多人而言亟待解决。换句话讲：坏人能变成好人吗？游手好闲之人会变得踌躇满志吗？美洲豹能改变它身上的斑纹吗？

诚然，从心理学上讲，一定程度的自我接纳是有益于健康的（前提是不要放任自流或陷入绝望），但如果你对自身现状并不满意，又想尽力活出最好的自己，那么本书就是为你而写的。

本书讲述了罪犯如何改过自新，羞怯的名人如何重新发出自己的声音，瘾君子如何洗心革面并超越自我，同时融合了最新的、令人信服的心理学研究成果。读完本书，你会发现人的性格并非无法改变。是的，如果你想改变自己，你完全可以做到。虽然这个过程不会很快或很轻松，但你的确可以做到。

只要生命不息，性格的变化就不会停止。性格变化在一定程度上是你对不断变化的外部情况做出的自然反应，同时也可归因于你的生理机能在逐渐发生变化。最令人兴奋的是，你可以利用一些方法来控制这个变化过程，活出自己期待的样子。

本书提供了很多性格测试和互动练习，以帮助你更好地理解自己性格的各个方面，理解生活中发生的事情，并找出自己的激情所在。你越是以一种诚实的态度参与这些测试和练习，就越可能了解自己的真实性格，本书的见解将使你受益匪浅。培养新习惯是成功改变性格的关键部分。本书中每章都总结了一些新的活动建议和心理策略，可以帮助你塑造不同的性格。

本书还列举了许多需要谨慎对待的注意事项。我会为你讲述一些好人变坏的案例，并深入研究创伤和疾病有时对性格产生的毁灭性影响。简而言之，你的性格一直处于不断变化的过程之中。活出最好的自己是一种生活哲学，而不是一项必须完成的工作。

我特别希望本书能吸引那些曾经因为别人对自己的评价或讽刺而感到被禁锢或被束缚的人。人类的一个弱点就是经常忽视环境的影响，倾向于过早地得出关于他人的结论（这在心理学中被称为"基本归因错误"）。如果别人以一种草率的方式给你的性格贴上了内向、懒散、优柔寡断、特立独行的标签，而且你感觉自己被这种外界评价束缚住了，那么你需要理解外部环境在某个特定阶段对性格的深远影响，知道我们的性格如何在生命之旅中不断改变，而且你要知道我们可以通过培养一些新习惯去改变自我，真正地释放内心的激情，从而突破以往限制住自己的条条框框。

人的确会变，我就变了。前阵子，我在整理旧物的时候，偶然发现了在我十几岁上寄宿学校时老师们写给我的评语。当时我16岁，我的辅导员写道："我不确定克里斯蒂安如何才能改变他天生沉闷的性格。"我的舍监在同一份期末报告中写道："我非常同意辅导员的话，克里斯蒂安的性格确实容易招致'太安静'之类的评价。"我的地理老师写道："他太拘谨，太安静了。"历史老师写道："我会鼓励他多参与课堂讨论。"英文老师写道："他需要多开口说话！"我最喜欢的一句评语则是我的舍监在此前一年所说的："很难说克里斯蒂安的沉默是一种缺乏自信的表现，还是聪明的缄默。"

但我在大学一年级时突破了自己的桎梏，结交了一大群朋友，每周都会通宵达旦地聚会好几次。我记得以优异的成绩毕业后，我的论文指导老师承认，他很早之前曾对我感到失望，将我归类为一个享乐主义者，认为我对运动和娱乐更感兴趣，对学习则没什么热情。（他做出这种判断的依据是，我那时特别热衷于社交，还花了很多时间泡在大学体育馆，而且在那儿做了兼职教练。）

性格的改变过程永远不会停止。大学毕业后5年左右，我的生活又恢复了平静——当时，我从事编辑和写作的工作，只需在家办公，我同未婚妻住在英格兰约克郡的农村，慢慢地变成了一个非常内向的人。我没有车，未婚妻大部分时间都不在家，在30多公里外的利兹市学习，因为她想当一名临床心理学家。我这段堪称教科书般的经历说明了我们所处的环境将如何深刻地塑造我们的性格。当你生活在安静的农村地区，把自己的家当作办公室独自工作时，你就很难成为一个外向的人。但当我全身心地应对我的第一个角色——编辑带来的挑战时，我感到自己的责任感在增强，把撰写心理学书籍当成了一种使命。每天自律地写作，并在截稿日期前完成工作的确是一种乐趣，这成了我生活节奏的一部分。

最近几年，我觉得自己又变了，因为我幸运地有了两个漂亮的孩子——罗斯和查理。他们让我更有责任感（人生还有比为人父母更伟大的使命吗？），但我认为他们也让我变得更加神经质！

除此之外，我的职业生涯也得到了更好的发展，我开始参与更多的公开演讲，比如为现场直播、广播节目和电视节目做演讲。我记得几年前在伦敦的一个大型集会上，我站在台上，感受着让300多名观众大笑时的愉悦感。（我得补充一下，我当时正在做一场关于说服心理学的演讲，气氛非常轻松。）我不知道如果我的老师们当时在场，他们会怎么评价我。可以对比一下老师们当年在我的期末报告上的评语同我最近在伦敦多个场合演讲时收获的评语："克里斯蒂安是一位伟大的演说家。""令人非常放松和着迷。""他的演讲不仅内容丰富，而且妙趣横生。""令人感觉充实、着迷和愉快。"当然，从某种程度上来说，我的演讲有刻意表演的成分，演讲时我难免戴上面具，但在面具之下，我相信我的性格的确发生了重大改变，因为我在追求自己的目标时，更愿意大声讲话，也更愿意承担风险。

我觉得写这本书的经历也改变了自己。我现在更加认同他人和环境会激发出不同的性格特质的观念，而不接受"性格不可改变"的说法。我发现生活方式、理想追求，以及价值观都在影响着一个人的性格特质。

事实上，甚至可以说，撰写本书（以及从本书案例中学到的事）

为我提供了动力并增强了我的自信，促使我在 2021 年早些时候离开了我坚守了 16 年的工作岗位，来到一家全球性数字杂志担任一个具有挑战性的职位。我走出了自己的舒适区，但我相信我能够适应。这本杂志的理念与我自己的价值观一致：通过分享关于心理健康的实用见解去支持他人。我相信，你也有能力积极地改变自我并提高自己的适应能力，活出自己期待的样子，更能在生活中勇于追求对自己重要的东西。我写这本书就是为了告诉你如何做到这一切。

第一章 你心中的自我

如同很多年轻人一样，21岁的费米也曾交友不慎。2011年，他开着自己的奔驰车，在伦敦西北部超速行驶。警察拦停他后，在他的包里发现了近250克大麻。最后，他被指控持有并意图供应毒品。

如果你在那时候见到他，你很可能会贸然得出结论，觉得他的性格特别令人讨厌，唯恐避之不及。此次涉毒被捕并非他首次触犯法律，他之前还有过其他违法行为，这些行为导致他被勒令佩戴电子追踪器。可以说，他年轻时经常惹麻烦。他回忆道："我被禁止回到我成长的地方，因为我惹了太多的麻烦。"[1]

然而，费米后来竟然成了一名奥运会金牌得主以及两届世界重量级拳击赛冠军，并被授予大英帝国官佐勋章，被誉为"干净生活和良好举止的完美榜样"。你或许没听过"费米"这个名字，但你或许熟悉他的全名——安东尼·奥鲁瓦费米·奥拉西尼·约书亚。英国年度最具影响力黑人榜单——"权力榜"（Powerlist）的发布者、"强势媒体公司"（Powerful Media）首席执行官迈克尔·埃博达于2017年写道："他真的是你能见到的最善良、最务实的年轻人之一。"[2] "我本可以走上其他的路，但我选择做一个令人尊重的人。"费米在2018年阐述道。他还给自己制订了多个计划，以教育下一代"健康生活，自律，努力工作，尊重所有种族和宗教"。[3]

性格不仅可以改变，而且这种改变往往是深刻的。人们通常在生命的某一阶段是一个样子，而到另一个阶段却呈现出完全不同的样子。可悲的是，有时这种改变意味着一个人会变得更糟。比如，泰格·伍兹曾因其健康、模范的行为受到赞扬，而且被视为认真、自律的典范，但因背部健康问题饱受多年痛苦之后，他在2016年因酒驾被捕，当时他的言语含混不清，检测表明他体内含有五种毒品成分，包括大麻中所含的四氢大麻酚。他头发蓬乱的照片出现在了世界各地的报纸上。这只是这位前高尔夫冠军的最近一次丑闻。此前几年，他在一个夜里与家人争吵后驾车撞上了消防栓，从此开启了人生的黑暗时期，随后，多个小报曝光了他一连串的出轨事件。他的世界一度濒临崩溃，但令人欣慰的是，消极的改变是可逆的。伍兹在全球高尔夫球手中的排名跌至第1199位，之后，他于2019年赢得了在佐治亚州亚特兰大举行的大师赛，这被称为体育史上最伟大的复出。[4]

性格能够改变的证据不仅仅来自与救赎或耻辱有关的故事。环顾四周，你会看到一些不那么轰动，却依然令人惊讶的性格改变，这种情况无处不在。在艾米丽·斯通还是个孩子的时候，她经常感到非常焦虑，而且容易频繁地感到恐慌，这导致她的父母不得不寻求心理医生的帮助。她告诉《滚石》杂志:"我一度很焦虑,有一段时间,甚至再也不想去朋友家了,也不想出门上学。"[5]很难相信,这个女孩最后不仅克服了神经质,还一举成为世界上收入最高的女演员,荣膺奥斯卡金像奖、金球奖以及英国电影与电视艺术学院奖。她加入美国演员工会时,选择了一个后来众所周知的名字——艾玛·斯通。

我们再看一下俄亥俄州马里昂惩教所的囚犯丹的案例。美国国家公共广播电台曾在《看不见的力量》(*Invisibilia*)这档节目中介绍过他的情况——他曾因强奸罪服刑,但现在他已经成了一个诗人,发表了自己的作品,他在服刑期间还帮助监狱举办过一场TEDx(TEDx是著名的TED在线演讲的一个自组织项目)活动。这场活动的特邀记者之前已经与丹相识一年之久了,并经常与他通信,他对丹的描述是"非常迷人、顽皮、语速快、思维敏捷、富有诗意和创造力"。丹的监狱长说他"口齿伶俐、幽默、善良、热情"。丹自己说,他犯罪时的性格"已经彻底消失了",他现在几乎觉得自己是在为别人的罪行坐牢。[6]

自从为撰写本书开展相关研究以来,人们频繁地给我讲述类似于丹和艾玛·斯通的故事。这些性格改变的故事符合心理学领域一些关于性格变化的令人激动的新发现,并且可以借助这些新发现去解释。这令我深感惊喜。

电台热线电话、在线聊天论坛和时尚杂志页面经常充斥着性格改变的故事,这些改变往往是积极的,比如懒惰的人找到了目标,害羞的人敢于发出自己的声音,犯罪分子开始悔过自新。

可以说,从关于性格改变的科学中学习经验和总结教训,比以往任何时候都更重要。当前这场新冠肺炎疫情改变了所有人的生活,考验着我们的适应能力。从社交媒体到手机游戏,再到各种应用程序,导致注意力分散的因素越来越常见,蚕食着我们的专注力和自律能力。戾气和政治极化问题无处不在,人们被迫卷入了推特的旋涡,政治话语陷入新的低谷,侵蚀着人类文明。久坐不动的生活方式越来越普遍(世界卫生组织将运动不足描述为"全球性公共健康问题"),研究表明这对性格特质具有破坏性影响,它能削弱人们的意志,并催生负面情绪。[7] 然而,关于性格发生积极改变的一些励志故事表明,你不必被动地屈从于这些影响,相反,你完全可以通过积极行动,塑造更好的性格。

性格既有可塑性,又有稳定性

虽然我们有能力改变性格,但这并不意味着我们可以消解性格的概念,"性格"这一概念远远不能忽视。根据数十年来细致的心理学研究,所谓"性格",是指一个人在行动、思考和社交方面表现出来的稳定倾向和特征。这涉及我们是否热衷于结交伙伴,以及我们是否喜欢花费时间去深入思考。它反映了我们的动机,比如我们是否在意帮助别人或获得成功。它也与我们的情绪有关,包括我们是倾向于保持平静还是陷入焦虑。反过来,我们典型的思维模式和情感模式也会影响我们的行为方式。这种思想、情感和行为的组合,从本质上形成了你的"自我性"(me-ness),即你是什么样的人。

当涉及性格的定义和衡量时,心理学家面临的一个问题是大量的性格标签,比如虚荣、健谈、无聊、迷人、自恋、害羞、冲动、书呆子、挑剔、有艺术气质等等。1936年，人格心理学鼻祖戈登·奥尔波特及其同事亨利·奥德伯特估计，与性格特征有关的英语单词不少于4504个。[8] 幸运的是，现代心理学家已经剔除了大量冗余的描述，归纳出人类性格的五大主要特质。

关于这种归纳，我举个例子。想想看，喜欢冒险、寻求刺激的人往往也更快乐、更健谈，以至于这些表象似乎源于同一个内在特质，即"外向性"（extraversion）。根据这一逻辑，心理学家归纳出了五种主要的性格特质，即大五人格（详见表1-1）：

○ 外向性指你内心深处对体验积极情绪的接受程度，以及你的社交能力、活力和活跃程度。反过来，这也会影响你在寻求刺激和社交时的享受程度。如果你喜欢派对、极限运动和旅行，你很可能在这个特质上得分很高。

○ 神经质（neuroticism）指你对负面情绪的敏感程度和情绪的不稳定性。如果你总是忧心忡忡，或者总是因为别人在社交场合对你的怠慢而感到受伤，或者总是对过去的失败耿耿于怀，或者为即将到来的挑战惶惶不安，那么你很可能在这个特质上得分很高。

○ 尽责性（conscientiousness）指你的意志力，包括组织能力、自律能力以及勤奋程度。如果你喜欢保持房间整洁、讨厌迟到或很有抱负，那么你很可能在这个特质上得分很高。

○ 亲和性（agreeability）指你有多热情和友好。如果你有耐心且宽容，如果你对刚认识的人的第一反应是喜欢和信任，那么你可能非常具有亲和性。

○ 开放性（openness）指你对新想法、新活动、新文化和新地方的接纳程度。如果你不喜欢歌剧或引进版电影，或者不喜欢打破常规，那么你在这项特质上的得分可能很低。

表 1-1 主要性格特质及其子特质

五大特质	表现方面（子特质）
外向性	热情、合群、果断、积极、乐于寻找乐趣、快乐、情绪高昂
神经质	焦虑、易怒、易悲伤、害羞、自我意识、冲动、脆弱
尽责性	有能力、有条理、尽职、有志向、自律、谨慎
亲和性	容易信任别人、诚实守信、无私奉献、乐于助人、顺从、谦虚、富有同理心
开放性	富有想象力、审美敏感、情感丰富、充满好奇心、对其他观点和价值观持开放态度

大多数心理学家认为，这五大特质并不能完全反映人性的阴暗面。为了衡量这些因素，他们提出了另外三种特质：自恋、马基雅维利主义和精神病态（可概括为"黑暗三联征"）。[9]我们将在第六章详细讨论暗黑性格，看看是否有可能从这个世界上的愚蠢者、阴谋家和吹牛者那里吸取教训，以免自己的性格滑向黑暗的一端。

性格可能给人一种虚无感，仿佛只是一种浮于言语的描述，但它影响着一个人的生理特征，甚至会影响大脑的结构和功能（见图1-1）。比如，内向的人不仅喜欢平和与安静，其大脑对噪声的反应也更为敏感。神经质的人（即情绪不稳定的人）不仅会经历更多的情绪波动，其大脑中负责调节情绪的那部分皮质的面积也比较小,褶皱也比较少。[10] 对于那些性格特质更具优势的人(比如适应性或责任感比较强)而言,其大脑前部往往会形成更多的髓鞘,这能帮助他们有效沟通。[11] 性格特质甚至与肠胃里的微生物群有关,神经质的人有更多有害的肠道细菌。[12]

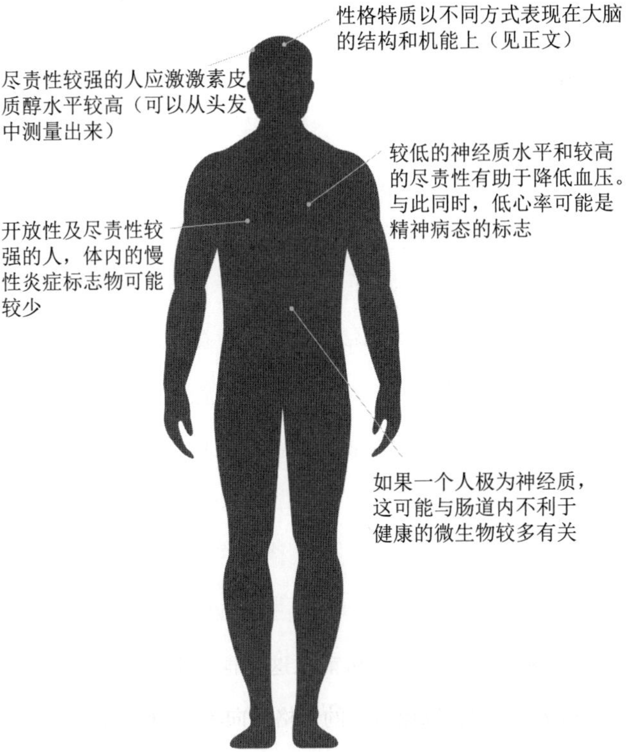

性格特质以不同方式表现在大脑的结构和机能上(见正文)

尽责性较强的人应激激素皮质醇水平较高(可以从头发中测量出来)

较低的神经质水平和较高的尽责性有助于降低血压。与此同时,低心率可能是精神病态的标志

开放性及尽责性较强的人,体内的慢性炎症标志物可能较少

如果一个人极为神经质,这可能与肠道内不利于健康的微生物较多有关

图 1-1　性格特质与生理特征

性格特质不仅仅是抽象的,而且它还会"进入"机体,影响许多方面的生理特征,包括肠道中的微生物以及大脑活动模式。这是一种双向的关系,所以保持良好的身体健康状况,如保证健康饮食、充足睡眠和定期锻炼,也会改善你的性格,比如缓解神经质以及增强尽责性、亲和性和开放性

"性格"这个概念其实具有生物学基础,而且正如安东尼·约书亚、泰格·伍兹等人的故事所暗示的那样,性格并非固定不变的。19世纪美国伟大的心理学家威廉·詹姆斯喜欢用一个比喻去说明性格,他在《心理学原理》一书中指出:到了30岁,我们的性格就像被固定在石膏上一样,我们改变性格的能力也消失了。

其实,从某种意义上来说,30岁以后,你改变性格的能力反而更强了。虽然遗传因素对认知能力(比如智力和记忆力)的影响会在一生中不断增强,但它对性格的影响却趋于弱化,从而导致生活事件和人生经历(比如新工作、人际关系或移民)对性格产生影响的空间越来越大。[13]

人类在进化中形成了较强的适应性。你可以把自己目前的性格特质视为自己选定的行为策略和情感策略,以便在当前所处的环境中能实现最大限度的生存和成长。你的遗传倾向使你更有可能选择某些策略,并忽视其他策略,但不会将你限制在某种生活方式和人际关系之中,你也不会因此被困于当下而无法做出新的选择。

的确,随着年龄渐长,人们的性格往往会趋于稳定,但这并不是因为人们失去了改变性格的能力,而是因为随着成年人生活轨迹的逐渐固化,大多数人的生活环境发生变化的可能性越来越小。

如果把眼光放得长远一点,我们就会发现,大多数人的性格其实不乏变数。典型的变化模式是,随着年龄增长,你会变得更友好、更自律,焦虑感也会更少。但有时候,你在生活中做出的重大抉择,比如你选择的职业道路和你建立的人际关系,都会给你带来更深刻的变化,毕业、生子、离婚、丧亲、疾病和失业等重大事件的影响也会逐渐累积起来。2016年，研究人员发布了一项迄今为止时间跨度最长的性格研究的成果，他们对众多参与者在14岁和77岁时的性格进行了对比，发现两个时期的性格存在显著区别，彼此之间并不存在多大关联。[14] 另一项研究对比了近2000人在50年间的性格变化，同样发现了性格显著变化的证据。这些研究表明，虽然人的性格特质会随着年龄渐长而趋于稳定，但依然具有可塑性。[15]

当然，你的行为方式完全有可能在短期内表现出巨大变化（心理学家称之为"状态变化"），以应对某些当下的情况，比如你的情绪，你同什么人在一起（想想你同老板、祖母和亲密朋友在一起时的表现），或者你喝了什么。想想网球明星拉菲尔·纳达尔在球场内外的巨大性格反差，那简直不亚于超人同克拉克·肯特的性格反差。拉菲尔在网球场上异常勇敢，但场外的他却畏首畏尾。这种性格转变之大，经常令他母亲感到惊讶。[16]

我们喜欢从非此即彼的视角去观察事物，但性格既有稳定性，又有可塑性，因此它令许多人感到困惑。加州大学戴维斯分校的人格心理学家斯明·瓦兹敏锐地领悟到了这一悖论。她给美国国家公共电台写了一封公开信，以回应某期《看不见的力量》节目（我在前文中提到过这个节目，那一期的主人公是丹，曾因强奸被定罪，后来却形成了迷人、善良的性格），那期节目题为"性格神话"，暗示由于性格具有可塑性，所以"性格"这一概念是无意义的。瓦兹则在公开信中解释说，这期节目传递的观点失之偏颇，因为就性格而言，有很多方面是稳定不变的，也有很多方面可以改变的。[17]

为什么性格很重要？

性格对你的生活具有强大的影响力，从你在学业和工作中取得成功的可能性，到你的身心健康和人际关系，甚至你的寿命，无不受到性格的影响（见图 1-2、1-3）。想想看，一个青少年的毅力和自律能力对其学习成绩的影响，显然比其智商的影响要大。[18] 事实上，根据 2017 年的一项研究，孩子的自控水平——决定一个人是否拥有认真负责的性格的关键因素——产生的影响将持续数十年之久。[19]

为了证明这一点，研究人员以图表方式描绘了 940 人的生活轨迹。这些人于 1972—1973 年出生在新西兰达尼丁市。截至目前的研究发现，大约 20% 的人面临肥胖、犯罪、吸烟和家庭破裂等问题，对社会构成了沉重负担。关键是，童年时期自制力较差者更有可能遭遇这些问题。

另一项针对 26 000 多名美国人的研究发现，在不考虑家庭社会地位的情况下，一个人在高中时期的性格特质会影响到寿命长短，这种影响甚至会持续到 70 岁，具体来说，也就是冲动的人比起自控能力强的人更不易长寿。[20] 类似的研究表明，如果你希望长寿，那么富有责任感的性格产生的重要影响，不亚于社会经济状况或教育水平的影响。[21]

最近的一项研究评估，如果能小幅降低神经质（即容易产生消极情绪、压力和忧虑的倾向）水平，那么就能大幅增强幸福感，如果转换成货币价值，这就相当于每年多赚了 314 000 美元。[22] 澳大利亚的一项研究历时 3 年，跟踪调查了 10 000 多人，发现人们的性格特质，尤其是神经质水平低和外向性强的特质，对幸福感的影响是罹患疾病、失去亲人等重大生活事件的两倍。[23]

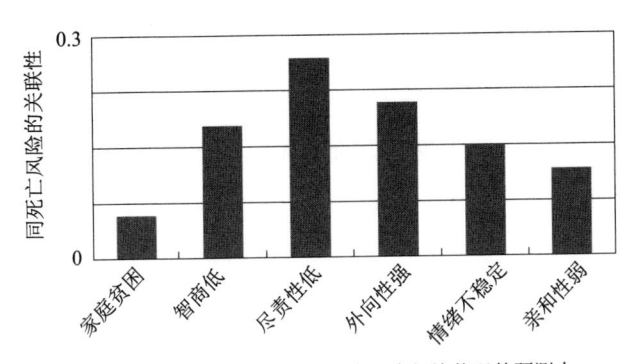

■ 性格特质、智商及家庭社会经济状况的预测力

图 1-2　性格特质与死亡率的关联性

如图所示，性格特质的得分与未来死亡风险（死亡率）之间的关联性能够证明性格特质的重要性。这是基于对数千名志愿者的数十项研究数据得出的

资料来源：Brent W. Roberts, Nathan R. Kuncel, Rebecca Shiner, Avshalom Caspi, and Lewis R. Goldberg, "The Power of Personality: The Comparative Validity of Personality Traits, Socioeconomic Status, and Cognitive Ability for Predicting Important Life Outcomes," *Perspectives on Psychological Science* 2, no. 4（2007）：313–345.

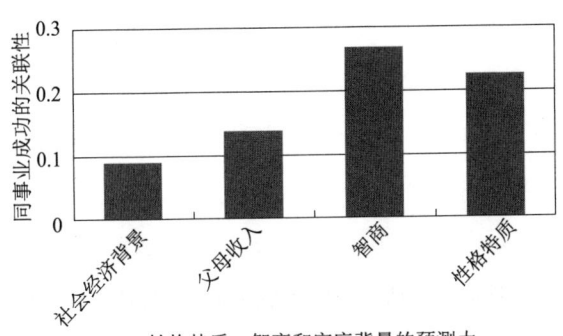

■ 性格特质、智商和家庭背景的预测力

图 1-3　性格特质与事业成功的关联性

较之于家庭和父母背景等相关因素，性格特质更能影响未来事业成功的概率，影响程度接近于智商

资料来源：Data from dozens of studies, collated by Roberts et al., "The Power of Personality: The Comparative Validity of Personality Traits, Socioeconomic Status, and Cognitive Ability for Predicting Important Life Outcomes," *Perspectives on Psychological Science* 2, no. 4（2007）：313–345.

外向性强、神经质水平低的人还往往对自己的物质成功感到更快乐。瑞典一项对5000多名30~75岁的成人进行的研究发现，他们的性格特质和当前收入之间的关联就像家庭经济背景和收入之间的关联一样密切。[24] 此外，就这些人对自己生活的满意度而言，性格（更外向、情绪更稳定）的影响甚至比家庭背景的影响还要大。

性格的另一个重要方面是思维开放性。当代社会中的雇主都要求员工具备创新能力和学习新技能的能力，而这两种能力的基础就是高度的开放性。如果你不具备足够的开放性，你的工作甚至会被机器人抢走！[25] 研究人员连续50年跟踪调查了35万人的职业生涯，结果发现，那些在青少年时期就表现出较强的外向性和尽责性的人，在工作后也不太可能进入容易电子化的行业。

所以，性格很重要。但请记住，虽然性格在一生中表现出一定程度的稳定性，尤其是当你无意做出改变时，性格似乎更加稳定，但它并非固定不变，也不会决定你的命运。事实上，性格的改变对你未来的幸福非常重要，甚至可能比你能想到的其他显著因素（比如财富和婚姻状况）还要重要。

改变性格的理由

你的性格特质造就了你，塑造了你的生活，而你的生活反过来也会塑造你的性格特质，导致性格处于一个不断变化的过程之中。这种说法似乎令人不安，但这也带来一个有力的启示：如果我们了解性格在不同人生阶段及不同环境下发生改变和扭曲的模式，我们就可以预测和利用我们改变性格的能力，更重要的是，我们不必成为被动的观察者，等待事件来塑造我们。鼓舞人心的新研究表明，只要有正确的态度、足够的投入和适当的技巧，我们就可以随心所欲地改变自己的个性，使你变成自己期待的样子。本书将帮助你了解如何做到这一点。其中，有的方法是自外而内的，比如让自己置身于一种正确的环境之中，仔细选择一个合适的人同你相处，培养新的爱好，以及做有意义的事情。还有一些方法是由内而外的，比如通过心理磨炼和身体锻炼，改变你的思维模式和情绪模式。毕竟，你的性格来自你的思维方式、动机、情绪和习惯。解决了这些问题，你就会改变自己的性格和生活。

在开始塑造你的性格之前，有必要深入思考一下在你目前的生活中最重要的事情是什么。有意识地改变性格是一个需要谨慎推进的过程，重要的是，你必须时刻意识到自己的身份认同和自我的真实性，也就是说，真实地表现自我需要你把自己想象成期待的样子，尽可能地采取相应的表现，而不是按照自己当前的样子行事。

了解自己

你现在的性格如何？根据自己喜欢的事物或自己在亲友中的口碑，你会有一个粗略的想法。比如，如果你喜欢聚会和结识新朋友，你可能认为自己是一个外向的人。

事实上，我们许多日常习惯和行为惯例比我们想象的更能揭示自己的性格。一项研究分析了俄勒冈州近 800 名志愿者的性格，并在 4 年后，再让他们对自己在之前一年内参与 400 项日常活动的频率进行打分。[26]

有些发现是显而易见的。比如，外向的人更喜欢参加聚会，思想开放的人更喜欢看歌剧。但其他发现则比较令人惊讶。比如，你喜欢泡热水澡、装饰皮肤、晒黑皮肤吗？如果是，这可能表明你是一个外向的人。（在这项研究中，外向的人尤其有可能参加这些活动。）

如果你花很多时间熨衣服、陪孩子玩儿、洗衣服，甚至在淋浴间或车里唱歌，那么你很可能在亲和性这一项上的得分较高（想必你希望让每个人都开心，包括你自己）。如果你不说脏话，喜欢戴手表，[27] 头发梳得整整齐齐，鞋子擦得锃亮，[28] 手机应用程序都是最新的，喜欢早起而非熬夜，那么你很可能是一个非常认真负责的人。[29]如果你在家经常一丝不挂，这显然是你思想开放的标志。

柠檬性格测试

如果你想更科学地了解自己的性格，你还可以考虑采取一些更复杂、更实际的方法。数十年前，人格心理学先驱——汉斯·艾森克提出了判断外向和内向的柠檬测试法。要尝试这种方法，你需要一些浓缩柠檬汁、一根双头棉签和一根细线。（如果你不想接触黏糊糊的柠檬汁，你可以跳过下面这两段文字。如果你真的跳过了，这可能是你超级认真的标志！）

首先，把线系在棉签的中间，使得在线被提起来时，棉签能在悬空时保持平衡。把棉签的一端放在你的舌头上，保持20秒。接下来，在舌头上面滴上几滴柠檬汁，吞咽几次，把柠檬汁咽下去，然后把棉签的另一端放在你的舌头上20秒。最后，提起棉签中间的细线，看棉签是否还能保持平衡。如果咽下柠檬汁后被放上舌头的那一端偏低，则表明你是一个内向的人，至少在生理水平上是这样，因为内向者对刺激和疼痛的反应比外向者更强烈，这就解释了为什么内向者倾向于避开乱糟糟的、紧张刺激的环境。柠檬汁同这种环境一样会引起内向者的敏感反应，因为柠檬汁会促使内向者的舌头分泌更多唾液，导致棉签的一端变得更重。相比之下，外向者的身体不是那么敏感，所以他们不会对柠檬汁产生太多唾液反应，棉签也因此能保持平衡。

柠檬测试很有趣，思考一下我们的日常习惯是有益的，但要真正准确、完整地了解自己的整个性格，就像心理学研究中做的那样，你需要做一份详细的关于大五人格的问卷。

大五人格测试

表1-2中的30条性格描述改编自美国科尔比学院心理学家克里斯托弗·索托和奥利弗·约翰在2017年开发的"大五人格量表第二版"（Big Five Inventory-2）的缩略版。[30] 现在，根据这个量表做个小测试，你就能很好地了解自己当前的性格，读完本书后再做一次，你就能了解自己的性格在阅读本书的过程中改变的程度和方式。

阅读下面的30个描述，判断每一个描述与你的相符程度，然后打分,最低1分,最高5分(1=强烈不同意,2=略微不同意,3=中立/没有意见,4=略微同意,5=强烈同意)。尽量诚实地去打分。如果你刻意改变评分,那么测试结果就会不准确。

表1-2 衡量你的性格特质

1.倾向于喋喋不休	① ② ③ ④ ⑤
2.有同情心,内心柔软	① ② ③ ④ ⑤
3.做事有条理	① ② ③ ④ ⑤
4.经常忧心忡忡	① ② ③ ④ ⑤
5.对艺术、音乐或文学着迷	① ② ③ ④ ⑤
6.喜欢占据主导地位,充当领导者	① ② ③ ④ ⑤
7.很少对别人无礼	① ② ③ ④ ⑤
8.善于完成任务	① ② ③ ④ ⑤
9.容易感到沮丧和忧郁	① ② ③ ④ ⑤
10.对抽象概念很感兴趣	① ② ③ ④ ⑤
11.总是充满活力	① ② ③ ④ ⑤
12.以最大的善意去揣测别人	① ② ③ ④ ⑤
13.为人可靠,值得别人信赖	① ② ③ ④ ⑤
14.情绪不稳定,容易心烦	① ② ③ ④ ⑤
15.喜欢原创事物,常有新想法	① ② ③ ④ ⑤
16.外向,善于交际	① ② ③ ④ ⑤
17.从不对别人冷冰冰或漠不关心	① ② ③ ④ ⑤
18.喜欢保持整洁	① ② ③ ④ ⑤
19.高度紧张,不善于处理压力	① ② ③ ④ ⑤
20.有很多艺术方面的爱好	① ② ③ ④ ⑤

续表

21.愿意承担责任	①	②	③	④	⑤
22.尊重别人	①	②	③	④	⑤
23.工作有毅力，能坚持完成任务	①	②	③	④	⑤
24.有不安全感，经常感到不自在	①	②	③	④	⑤
25.思维复杂，经常沉思	①	②	③	④	⑤
26.比别人更积极活跃	①	②	③	④	⑤
27.很少发现别人的错误	①	②	③	④	⑤
28.对待事情很认真	①	②	③	④	⑤
29.喜怒无常，容易情绪化	①	②	③	④	⑤
30.富有创造力	①	②	③	④	⑤

你对这些性格倾向的评分能说明什么呢？让我们从外向性开始，逐个展开分析。

外向性：摇滚明星的特质[31]

为了得到你的外向性得分，请把你对上表中第1、6、11、16、21和26项的评分加起来。这些项目的总分将介于6分（独来独往、高度敏感的内向者）到30分（精力充沛、肾上腺素分泌过多的外向者）这两个极端分值之间。大多数人的得分都介于这两个极端之间。

如果你非常外向，那么你不仅喜欢社交和交朋友，还更倾向于接受销售类、股票交易类等高风险、高收益的工作，喜欢展现自己的领导力，喜欢抓住机会提升自己的地位。大多数情况下，你比内向者更乐观、更快乐。你偶尔还会喜欢喝一两杯酒。事实上，当研究人员观察一群陌生人聚餐饮酒的情景时，他们发现外向的人尤其喜欢讲话，酒精能提振他们的情绪，让他们感到和新认识的人更亲近。[32] 总体而言，性格高度外向虽然意味着一个人可能生活得更快乐，但他们长寿的概率比较低，因为与内向者相比，外向者更有可能服用毒品、性生活较多，所以他们的平均寿命比较短。这就是为什么人格心理学家丹·麦克亚当斯将外向性称为个性中"永远的摇滚明星"。[33]

如果你是一个内向者（即外向性的得分很低），情况基本上就是相反的，也就是说，你喜欢寻求安静，而非刺激。这并不是说你不善交际，而是说聚会上的喧闹对你没有多少吸引力，你甚至可能觉得参加派对令你感到不自在。大脑成像研究表明，内向者的神经对刺激因素更敏感，这或许解释了为什么与外向者相比，内向者在寻求刺激方面总是很小心。

神经质：你的情绪有多不稳定？

神经质也被称为"情绪消极性"或"情绪不稳定性"。要确定你在神经质方面的得分，你需要把你对上表中第4、9、14、19、24和29项的评分加起来。你的总分会介于6分和30分这两个极端分值之间。6分意味着你的情绪极其稳定，仿佛你的血管里流淌着冰水。30分意味着你的情绪极不稳定，就像伍迪·艾伦一样，你经常情绪紧张，甚至紧张到不敢出门。

如果说外向性是对生活中美好事物的敏感度，那么神经质就是对所有可能出错的事情的敏感度。如果你的神经质得分很高，那么这就很可能意味着你比较情绪化，容易害羞，容易感受到压力，情绪不稳定，并且经常产生不愉快的情绪，如恐惧、羞愧和内疚。神经质得分高的人比一般人更容易出现抑郁、焦虑等心理健康问题，也更容易罹患身体疾病，这表现在神经层面。比如，如果一个人的神经质倾向显著，那么他的大脑对不愉快的图像和文字就会特别敏感。[34] 的确，虽然从诗歌创作与哲学的角度看，情绪不稳定也有一定的优势，但很难否认的是，从现实角度来看，这一特质的得分低一些比较好。[35]

如果你幸运地在神经质上的得分很低，那就说明能够让你烦心的事情很少，即便偶尔感到沮丧或紧张，你也能很快克服。

亲和性：你有多友好？

要了解你的亲和性，你需要把自己给表 1-2 中第 2、7、12、17、22 和 27 项的评分加起来。你的分数将介于 6 分和 30 分这两个极端分值之间。如果你的总分为 6 分，那么不得不说，虽然你自我评价的诚实程度令人惊讶，但这个分数意味着你不是一个很好的人！如果你的总分为 30 分，那么你就是个天使！

在亲和性上分数高的人往往热情善良，他们能看到别人最好的一面（并能激发出别人最好的一面）。他们很温和，欢迎陌生人和外人，有同情心，善于接受别人的观点。这些特征表现在他们的大脑中——大脑内部有一个区域决定着人们是否善于从别人的角度看问题，而亲和性强的人与普通人在这个脑区存在结构上的差异。[36] 大脑内部还有一个区域负责抑制负面情绪，对亲和性强的人而言，他们这个脑区被激活得更加频繁。[37]简而言之，亲和性强的人往往很受欢迎，你会非常喜欢同他们交朋友。

最近的一项研究生动地说明了高分者和低分者在亲和性方面的差异。[38]研究人员让参与者喝酒，并给他们每一个人都搭配了一个搭档，搭档可以电击他们，他们也可以反过来电击自己的搭档。（这是一个小把戏，因为参与者的搭档是虚构的，电击是预先设定好的。）亲和性得分较低的参与者表现出了更强的攻击性：如果他们的搭档在他们喝醉时用轻微的电击来激怒他们，那么他们尤其容易用谩骂和更强烈的电击去回应搭档。但即便在酒精的作用下，亲和性分数较高的参与者对搭档施加的轻微电击做出的反应也远远没有那么激烈，他们往往选择默默容忍。

开放性：你有思想吗？有创造力吗？

在表1-2中，与开放性这个特质相关的项目是第5、10、15、20、25和30项。把你对这几项的打分加起来，总分将介于6分和30分这两个极端分值之间。如果你的总分是6分，那么我猜你没有护照，而且每天早上都吃同样的麦片。如果总分是30分，那么我猜你喜欢一边听歌剧，一边吃含有各种香料的早餐。对于思想封闭、得分较低的人来说，得分高的人似乎很梦幻、高尚、自命不凡，过分热衷于展示自己的个性。[39]对性格开放的人来说，低分者可能会显得偏执、无聊和粗鲁（至少是没有修养）。

从根本上讲，开放性影响到你是否能够以积极心态去接受新的、不熟悉的体验，也会影响到你对美和美学的敏感性。这种性格特质也表现在基本的生理层面上。比如，在这一特质上得分较高的人在欣赏自己觉得美妙的音乐或艺术时，更有可能感到浑身上下激动不已。[40]这种性格特质甚至可以保护你免受痴呆的蹂躏，因为你的生活阅历会更丰富，认知能力会得到提升，从而抵抗生理层面的衰退。[41]

性格的开放性虽然与智力有关，但并不等同于智力。开放性还体现在我们对政治和宗教的态度上。在这个性格特质上得分高的人往往更倾向于追求精神层面的自由与灵性，而不是屈服于有组织的宗教。相比之下，得分低者更传统和保守，看待事物更倾向于采用非黑即白的极端视角。性格开放的人可能对别人表现出较少的偏见，但从道德层面讲，这并不意味着他们优于他人，他们通常更质疑道德的价值，更愿意改变自己的想法，甚至在许多问题无法直接找到答案的情况下，他们也更乐于接受现实。

尽责性：你有勇气和决心吗？

尽责性是五大性格特质的第五项，也是最后一项。下面是计算这一特质分数的方法：你需要找到第3、8、13、18、23和28项，把你给这几项的评分加起来。总分依然介于6分和30分这两个极端分值之间。如果你的总分是6分，那就说明你的责任感往往很弱，因此，你能在这次小测试中保持足够长时间的专注，坚持到底，已经相当不错了。如果你的总分是30分，那就说明你的责任感极强，我想你可能只有在家人入睡后的深夜才能获得一些额外的学习时间。

尽责性得分最高和最低的人有点儿类似于《伊索寓言》中的蚂蚁和蚱蜢。尽责的蚂蚁有一个长期目标,那就是确保自己下个冬季不挨饿。最重要的是,它有动力且自律,在整个夏天都努力储存食物,这样它就可以实现这个目标。相比之下,蚱蜢会屈服于夏天享乐主义的诱惑,缺乏自律能力和动力,无法为冬天提前做准备。

如果你有责任感,你可能会守时、整洁且干净。更重要的是,责任感比其他任何一项性格特质都更能影响人生一些重要的结果,比如学业成功、职业发展和满足感。[42] 责任感还有利于建立持久的人际关系,避免卷入法律纠纷,拥有更长久、更健康的生命。这并不奇怪,因为具有高度责任感的人往往拥有自制力和毅力,能把注意力集中在学习和工作上,遵守规则,保持忠诚,并抵制有害的诱惑,如吸烟、暴饮暴食、超速驾驶、无保护措施的性行为,以及婚外情。

在通过上面这个小测验得到了关于五大性格特质的分数后,你已经详细了解到自己现在是什么样的人。如果你和大多数人一样,那么你会对一些方面很满意,但想在其他方面做出改变。知道了自己的性格特质之后,一些问题会自然而然地浮现在你的脑海中,我将在下一章中回答这些问题:影响性格的首要因素是什么?父母、兄弟姐妹和朋友会如何影响你的性格?当然,你今天的性格可能与18岁时大不相同,因为那时的你眼里充满了光,觉得自己拥有无限的可能性。跌宕起伏的生活之旅给你留下了怎样的印记?你预计自己的性格未来会发生什么变化?

改变性格的十个可行步骤

降低神经质水平

- 当你难过或生气时,用笔把你的情绪写下来,并给你的情绪贴上一个标签。研究表明,这样做有镇静作用,并能降低情绪强度。
- 写感恩日记。每天记录下三件令你感恩的事。感恩可以增加积极情绪,减少压力。

增强外向性

- 本周就邀请朋友聚聚。孤独和社交孤立会加剧内向性,而应对这种情况的方法之一就是规划社交活动。如果你不知道从哪里开始,可以试试用交友软件寻找志同道合者。
- 本周给自己设定一个挑战——同陌生人打招呼,如果你足够自信,可以尝试同陌生人闲聊。研究表明,同陌生人聊天远比我们想象的愉快,你给陌生人留下的印象会超出你的想象。

增强尽责性	• 晚上睡觉前,把第二天要做的事情记下来。这不仅会使你做事更有条理,而且最近的一项研究还发现,通过对尚未完成的任务进行梳理汇总,有助于缓解失眠。
	• 诚实地反思一件你一直推迟的杂务或任务,并承诺在本周完成它。如果你不知道从哪里开始,问问自己:为了完成这件事,我下一步需要做什么?
增强亲和性	• 给朋友、亲戚或同事发一封感谢信。最近的一项研究发现,收到感谢信的人从中得到的好处远远超过我们的预期。
	• 赞美同事(或邻居)。人们遇到这样的事之后,会把善意传递出去。
增强开放性	• 开始观看引进版电视剧,因为多接触其他文化会开阔你的视野。
	• 加入一个读书小组,多读小说等文学作品,这尤其能够提高从别人的视角思考问题的能力。

第二章 生活经历对性格的影响

安东尼奥·维里奥的画作《维里奥》(The Verrio)描绘了1673年英国皇家数学学校的成立,作品长约26米,共有3幅,堪称世界最大的画作之一。数百年来,它一直悬挂在基督医院寄宿学校宽敞的餐厅里,一代又一代的教职工和学生都对它赞叹不已。

一些学生对这幅巨作表达喜爱的方式似乎比较奇特。20世纪90年代,在我进入这所学校时,一个名叫乔治(化名)的同学用刀挖了一块黄油,然后直接甩向了这张画,似乎只是为了好玩。那块凝固了的黄油在画布上停留了一会儿,然后安静地落在餐厅的地板上,在画上留下一块油腻的污渍。

那个丢黄油的人当时受到了严厉的惩罚,但不到一年,他就被任命为我们的新舍监助理(由舍监挑选出来帮助维持公寓秩序的学生)。我和我的朋友们当然也不是天使,但在这些哗众取宠的事情上,我们肯定比我们的新舍监助理更谨慎。用"惊讶"形容我们对这个任命的态度已经算轻描淡写了。我之所以讲起这个故事，不是因为它给我造成了挥之不去的痛苦，而是因为这个任命极大地改变了乔治的性格——学校老师们对如何改变一个人的性格真的具有敏锐的洞察力（不管他们是否意识到了这一点）！

关于性格如何随人生阅历改变的主要理论之一就是"社会投资理论"（social investment theory）：你所扮演的社会角色，无论是为人夫/妻、担任新职务，还是成为寄宿公寓的负责人，都可以塑造你的性格，尤其是当这个角色让你因为某种新的行为模式而获得持续奖励时，它更容易塑造你的性格。

让淘气的乔治同学成为舍监助理，担负起一定责任，堪称一个非常聪明的举动。这种任命公开表达了对其改过自新的能力的信任，让他承担额外的责任，要求他遵守纪律，以履行新的职责，从而增强了他的责任感。（如今，乔治自己也成了一名教师！）

在这一章，我将为你概述性格演变的多种模式。导致性格演变的因素不仅包括你承担的社会角色，比如为人夫/妻或为人父/母，还包括你面对的各种挫折，包括离婚或失业。我会向你阐述性格在我们成长、衰老的不同生命阶段将如何演变。意识到这些变化模式之后，你能预见未来，尽量培养积极性格，规避消极性格。

你不是一张白纸。你现在是什么样的人，并非完全是你所做或所遇之事的结果。你的性格来自你的经历和基因——事实上，人与人之间的个性差异有30%~50%来自从父母那里继承的基因，其余来自个体自己的不同经历。

这两个塑造性格的因素并非互不相关。基因决定了你与生俱来的性格特质,影响着你的生活方式,塑造着你所处的环境。比如:如果你天生外向,那么你很可能在社交上花更多的时间(这可能让你变得更外向);如果你天生性格开放,你就有可能花更多时间去阅读和发现新思想、新观点(这可能让你变得更开放);天生随和的人倾向于让自己置身于愉悦的环境中,他们擅长化解争论,从而使自己变得更友好、更随和。基因对性格的塑造作用会通过影响生活经历而逐渐增强,就像滚雪球一样越来越大。

在深入研究性格在成年生活中如何演变之前,我们先回顾一下你在婴儿和儿童时期的性格。具体来说,就是那时什么因素影响了你?你小时候的性格和你现在的性格有什么关联?

婴幼儿时期的性格

根据上一章性格测试的得分,你已经对自己当前的性格有了详细了解。虽然你的性格会在不同人生阶段发生变化,但它也会表现出一种连续性,比如,你在婴儿时期的行为方式就可能预示了你将来会成为什么样的人。

婴幼儿的性格尚未完全形成,心理学家谈论的所谓"婴幼儿气质"是根据三个维度来定义的。一是主动控制,这指的是婴儿集中注意力和抵抗分心的能力,比如他们能抵御其他玩具的诱惑,而不是冲动地从一个玩具或物体转移到另一个玩具或物体(类似于成人尽责性的早期表现形式）。二是消极情绪，也就是婴儿哭闹、害怕和沮丧的程度（这显然是成人神经质的先兆）。三是伶俐性，它使得婴幼儿会努力做一件事，喜欢交朋友，精力充沛，堪称婴幼儿版的外向性。

你在婴幼儿时期的性格当然不等同于命运，但一些将会在未来塑造性格的因素可能已经开始显露出来。最近，俄罗斯的一项研究分析了同一批孩子几个月大时的性格和8岁时的性格，试图探讨二者之间的联系。这两种性格都是由这些孩子的父母评定的。[1] 结果，研究人员发现了一些惊人的一致性。比如，精力更充沛、笑得更多的婴儿在8岁时的情绪稳定性更强。同样，注意力更集中的婴儿在8岁时也会保持卧室整洁，按时上学。但并不是所有方面都有一致性，比如，爱笑、外向的婴儿在儿童时期的外向性得分可能并不高。

你越晚衡量一个孩子的性格，这个时期的性格与其成年后性格之间的关联性就越强。研究人员在将1000多名26岁的成年人（他们都在1972年—1973年出生在新西兰达尼丁）的性格档案与其在3岁时获得的行为评分进行比较时，发现了许多惊人的一致性。仅举一个例子：自信的儿童往往成为外向的成年人，而拘谨的孩子则往往成为内向的成年人。[2]

虽然你在婴幼儿时期的行为方式、思考方式以及看待世界的方式并非固定不变，但它们能产生深远的影响。你可能听说过心理学家沃尔特·米歇尔标志性的棉花糖实验：他把一个看起来很好吃的棉花糖放在孩子面前，然后离开房间15分钟，如果孩子坚持到他返回时还没吃，他就奖励给这个孩子两块棉花糖。有些孩子在米歇尔的测试中表现出了较强的自我控制能力，他们在之后的人生中往往更健康，在学业、事业和人际关系方面也有更好的表现。类似地，最近，卢森堡的研究人员比较了数百人在 11 岁时从老师那里得到的责任感评分与他们当下的生活，他们发现得分越高的孩子 40 年后的职业生涯发展得越好，对自己的地位、收入和工作的满意度越高。[3]

接下来，让我们看看你的童年经历——你与父母、兄弟姐妹和朋友之间的故事——如何塑造了你的性格。

父母对你性格的影响

诗人菲利普·拉金写道："把你搞得一团糟的，恰是你的父母。"[4] 这是一个残酷的评价。事实上，现代心理学认为，父母对孩子的影响非常微弱，甚至微弱到了令人惊讶的程度（不包括虐待案例）。我之所以说"令人惊讶"，是因为目前存在一个规模庞大的咨询行业，从业者会告诉父母在抚养孩子方面应该做什么和不该做什么。但是，借用发展心理学家艾莉森·高普尼克的一个比喻，我们不应该把抚养子女视为对动物的强化训练（虽然有时感觉挺像），而应该更像园丁温柔地照料植物那样，给他们提供一个丰裕、稳定、安全的环境，让不同种类的花儿自由绽放。[5]

想想你自己的父母。他们是否试图控制你所做的一切，控制到什么程度？他们经常侵犯你的隐私吗？他们在情感上是不是很冷漠？他们从来没有表扬过你吗？如果你对这 4 个问题的回答都是"是"，这就说明你的父母控制欲强且冷漠。[6] 再回想一下：你的父母对你充满爱吗？他们经常跟你聊天吗？他们是否虽然会鼓励你，但设置了界限，有时还阻止你做自己想做的事？如果是这样，这听起来更像是一种威权式的风格，而且通常来讲，人们认为这种风格对孩子更有益。

研究表明，在威权式父母的培养下，孩子往往能更好地控制情绪，更有可能通过米歇尔的棉花糖实验，更有可能拥有优秀的学习成绩，而且往往会表现得更好，比如不在学校惹麻烦。[7] 就性格特质而言，我们可以认为这类孩子具备较低的神经质水平、较强的责任感和较高的开放性。一些研究让成年人回忆父母抚养自己的方式，如果看一下这些研究，你就会发现类似的故事：那些认为父母冷漠、控制欲强的人（这些人着实不幸），成年后往往神经质水平较高，责任感较低。[8]

父母的抚养方式也与坚毅的形成和发展有关。近年来，"坚毅"这一概念受到了广泛关注，因为有人声称坚毅是人生取得巨大成功的秘诀。坚毅是责任感的一个组成部分，它与激情和决心有关——换句话说，坚毅就是专注于一个或多个具体目标，并坚忍不拔、全神贯注地去实现目标。在 2006 年出版的关于这个主题的权威著作《坚毅》一书中，宾夕法尼亚大学心理学家安杰拉·达克沃思认为，如果父母给孩子提供高度支持，同时又经常要求和推动孩子取得成就（她称之为"明智的养育"），就更有可能让孩子长大后变得富有毅力。[9]

在思考父母如何塑造自己的个性时，你需要记住另一个有趣的事实，即无论父母的影响是好还是坏，一些人可能对父母的影响更加敏感，而另一些人却不那么敏感。在 2005 年发表的一篇具有里程碑意义的论文中，儿科医生托马斯·博伊斯和心理学家布鲁斯·埃利斯创造了一个美丽的术语"兰花式儿童"（orchid children），用来形容那些对父母的影响比较敏感的孩子,这些孩子在受到父母的严厉对待时,特别容易灰心丧气,而在受到父母的细心看护和关注时却能茁壮成长。[10] 他们把那些对父母的影响不那么敏感的孩子称为"蒲公英式儿童",因为这些孩子对父母教养方式的影响(无论好坏)具有较强的免疫力。

看看这些"高敏感度儿童量表"中的表述,你越是认同,你就越有可能是"兰花式儿童":[11]

- ○ 我不喜欢同时做多件事。
- ○ 我喜欢美味的食物。
- ○ 当我所处的环境发生微小变化时,我都能注意到。
- ○ 我不喜欢噪声。
- ○ 当有人观察我时,我就会紧张,这让我表现得比平时差。

如果你认为你可能有"兰花式"的天性,而你的父母倾向于威权风格或更糟的风格,那么我同情你,但我也希望你能意识到一个鼓舞人心的事实:在适当的环境下,你仍然可以茁壮成长和绽放。作为成年人,你可以更好地控制自己所处的环境和文化,这会让你有机会发挥自己的潜能。

兄弟姐妹对你性格的影响

另一个流行的观点认为,一个人的性格受到其出生顺序的影响。

心理学家凯文·李曼就这方面写了很多文章。他写道:"你可以用你的薪水打赌,任何一个家庭的第一个孩子和第二个孩子都不一样。"[12] 人们通常认为,长子长女得到了父母的全部关注(因为这是他们的第一个孩子),因而变得比较认真,相比之下,出生较晚的孩子则往往责任感不那么强,而且更渴望得到别人的关注。

从直觉上看,这些说法是有说服力的,而且有大量逸事证据。想想看,在美国历任总统中,长子的比例很高,在45位前总统中,有24位是长子,包括乔治·沃克·布什、吉米·卡特、林登·约翰逊、哈里·杜鲁门,以及比尔·克林顿。贝拉克·奥巴马也是以长子的身份长大的(他虽然有几个同父异母的哥哥、姐姐,但没有和他们生活在一起)。欧洲各国的领导人中,安格拉·默克尔和埃马纽埃尔·马克龙也是长女或长子。在宇航员中,最先被送入太空的23名宇航员中就有21名是家中的第一个孩子。[13] 商业领域也有类似的故事,雪莉·桑德伯格、玛丽莎·梅耶尔、杰夫·贝索斯、埃隆·马斯克和理查德·布兰森等几位著名的首席执行官都是长子或长女。

尽管如此,2015年,两项权威调查的结果极具说服性地削弱了"出生顺序影响性格"的说法。之前的大多数研究都采用了由兄弟姐妹对彼此的性格打分的做法,但这并非最严谨的研究方法。与之前的调查相比,这两次研究设计更加细致,调查范围也更广,其中一项涵盖了2万多人的性格特质和出生顺序数据,[14] 另一项研究涵盖了近40万名参与者。[15] 总的来说,这两项研究发现,逸事证据有误导性,出生顺序对性格几乎没有影响,或者说其影响几乎可以忽略不计。美国性格研究专家罗迪卡·达米安和布伦特·罗伯茨曾经评论道:"这一结论有其必然性,出生顺序并不是性格发展的一个重要因素。"[16]

虽然出生顺序与性格发展之间没有实质性关联,但生育间隔可能与性格发展有关。生育间隔是同一家庭中不同孩子之间的年龄差距。英国一项研究对出生于1970年的4000多人在长达42年间反复进行了性格测试,这些人都有一个哥哥或姐姐。[17]这项研究表明,兄弟姐妹之间的年龄差距越大,弟弟或妹妹越有可能性格内向或情绪不稳定。

为什么生育间隔会有这种影响呢?马斯特里赫特大学的研究人员提出,兄弟姐妹之间年龄相近是有益的,因为他们有机会一起玩耍、竞争,更有可能从父母那里得到共同的关注和教育。其他研究也发现了符合这种观点的现象,即拥有兄弟姐妹的学龄前儿童在衡量其是否能够从他人的角度思考问题的心理测试中,往往表现得更好。(这种能力是良好性格的关键组成部分。)马斯特里赫特大学的研究人员甚至建议,政府可以鼓励缩短兄弟姐妹之间的年龄差距,比如出台与产假相关的激励措施,这将有利于让孩子形成适应性更强的性格。然而,鉴于之前流行的"出生顺序影响性格"的观点被严谨的研究颠覆了,因此,在收集到更多证据之前,谨慎对待"出生间隔影响性格"的新发现才是明智之举。

如果你没有兄弟姐妹怎么办?对于独生子女,人们普遍有一种负面的刻板印象:他们得到了父母的所有关注,被宠坏了,不懂分享,变得自私。当然,这是一个笼统的说法,但我很不情愿地说,我自己作为独生子女,或多或少地体现了这一点,至少根据中国的研究来看,这个说法是正确的。中国曾经实行了多年的独生子女政策,以控制人口数量。一项研究比较了中国实行计划生育政策之前及之后出生的人的性格特质和行为倾向,发现独生子女组的人往往不太容易信任别人,而且也不那么可靠,更加厌恶风险,更加悲观,不喜欢参与竞争,责任感也较差。[18]

在另一项研究中,中国研究人员扫描了成年志愿者的大脑,其中一些人是独生子女,另一些人有兄弟姐妹,然后研究人员让这些志愿者参加性格测试以及创造力挑战。结果显示,独生子女在亲和性这一性格特质上的得分明显低于有兄弟姐妹的参与者。独生子女也认为自己不那么友好,同情心较少,而且利他精神较差,这似乎与他们大脑前额叶(这个大脑区域主管着一个人对自我与他人关系的认知)的灰质较少有关。

从好的方面来看,独生子女的创造性比其他孩子更强,比如他们能想到更多纸箱的不同用途。所以,独生子女没有玩伴的成长环境不利于培养温暖的、善于交际的性格,但有助于培养一个更有创造力的头脑。(这和我的个人经历是一致的。我小时候经常花几个小时独自摆弄玩具,精心设计一些游戏。)

朋友对你性格的影响

大众心理学对父母的养育方式以及出生顺序对性格的影响开展了大量研究,但事实上,你在青少年时期的朋友可能对你的性格影响最大。的确,看一看关于双胞胎的性格差异和领养对性格影响的研究,你就会发现父母的养育方式对性格的影响其实并不算很强,而且就环境影响(即"非基因影响")而言,最重要的是我们每个人独特的经历,而非我们与兄弟姐妹共有的那些经历。

为了探究早期友谊对性格的影响,密歇根州立大学的研究人员在10月至次年5月之间多次进入幼儿园教室,观察孩子们的性格。[19] 研究人员将学龄前儿童分成两个班级(一个班是3岁的,另一个班是4岁的),并根据他们的性格及其经常一起玩耍的伙伴给他们打分。一个有趣的发现是,孩子们养成了最常与他们相处的朋友的性格特质,尤其是他们表现出的情绪积极程度,以及他们在游戏和互动中表现出的计划性和冲动控制能力方面的特质。比如,一个孩子花很多时间同一个快乐的、表现良好的朋友玩耍,当几个月后再次观察时,这个孩子更有可能更快乐且有更多良好的行为。这个发现同"性格比石膏更具有可塑性"这一观点是一致的。同样值得注意的是,在研究过程中,大多数孩子的性格都出现了适度的变化。研究人员称,早在孩子3~5岁时,性格就会呈现出动态演变的状态。

同龄人对我们性格的重要影响会持续到青春期。为了研究性格干预措施,并帮助那些表现出早期性格障碍及反社会迹象的青少年,研究人员开展了多项大规模研究。其中一项研究发现,与父母的行为或老师的帮助相比,与什么样的朋友一起玩儿对一个人性格的影响最大。比如,让一个性格存在问题的人同具有亲和性、责任感的伙伴交往,是确保有组织的性格干预计划取得成效的关键。[20] 研究表明,在刚成年的时候,人们也更容易养成与朋友相同的性格特质,比如,有一个非常外向的朋友会提高你的外向性。[21]

回想一下你自己的朋友,你最好的朋友是一个叛逆的人,还是一个努力工作的人？你是崇尚冒险、敢于尝试和突破规则的人，还是富有雄心却自律的人？当然，在某种程度上，你自己的性格也会影响你同什么样的人交往。然而，运气因素和地理便利因素也在很大程度上影响着一个人的友谊。比如，20世纪50年代的经典心理学研究表明，地理位置的接近程度起着关键作用：你更有可能与住在隔壁的孩子成为朋友，而不是那些住在两个街区之外的孩子。回忆这些早期的人际关系有助于你理解自己今天的性格，因为你朋友的某些性格特质很可能感染了你。

考验和磨难

童年时期的性格无法完全对应你成年后的性格，其主要原因可以归结于青春期的性格演变。青春期是一个动荡不安的人生阶段，因为这是我们发现自我的时期，也是我们的性格出现最大变化的时期。

有证据表明，性格在青春期早期其实会有短暂的退化（肯定会有许多父母证明这一点），因为大多数青少年的自律能力、社交能力和开放性都会出现暂时的下降，喜怒无常的青少年宁愿在凌乱的房间里独自听音乐，也不愿和朋友出去玩耍、冒险。此外，青春期女孩的情绪不稳定性可能会增强，男孩反而不会这样。心理学家还没有找到这种性别差异的原因，但它表明，青春期初期的女孩很可能遇到棘手的情绪问题，或者发现自己比男孩更难从父母或其他人际关系中获得所需的支持。

随后，在青春期晚期和成年早期，无论你是什么性别，你的性格可能又变得成熟起来。基本上，这个年龄段的人会在情绪上变得成熟，表现出更强的自律和自控能力。甚至当你成年后，你可能发现自己的性格依然不断趋于成熟。为了调查这些终身变化，心理学家比较了不同人生阶段的一般性格特征。最近的一项令人印象深刻的研究比较了100多万名10~65岁的志愿者的性格。[22] 他们还开展了其他多项研究，在连续多年甚至数十年间反复测试同一个人的性格。

无论采取什么方法，研究人员都发现了同样的现象：随着年龄的增长，人们往往变得不那么焦虑、不那么情绪化、更友好、更有同情心，但缺点是变得不那么外向、不爱交际且思维不再开放。与此同时，自律能力和组织能力往往在成年后有所提高，在中年达到顶峰，然后趋于下降，其部分原因可能是所谓的"悠闲生活"效应，即晚年的责任和担忧减少了，生活变得悠闲了。

用性格科学的术语来说，随着年龄的增长，你的情绪稳定性和亲和性会提高，但外向性和开放性会下降（你的尽责性通常会先上升后下降）。这些典型的性格发展模式可能反映你自己的性格演变进程，值得牢记在心。现在，你可以回头看一下自己在第一章表1-2的性格测试中的得分，再思考一下想要改变自己哪些性格特质。

比如，如果你是一名年轻女性，想变得情绪更稳定，更有责任感，好消息是你会发现，随着步入中年，你会自然而然地朝着这个方向演变（也就是说，你无须刻意去改变性格）。如果你有意识地努力改变自己，比如使用本书后面的建议，那么可以说，你将会事半功倍。相反，如果你是大四学生，对自己开放的思维引以为豪，那么了解一下这种特质在不同人生阶段典型的演变趋势（即它最终会不断下降）或许很有用。

性格特质在人生不同阶段的总体演变趋势是可以预期的，但诸如离婚、结婚、失业和丧亲等具体的人生经历会对性格产生什么样的影响呢？

离婚会导致一个人的生活陷入混乱，很少有其他事件能造成这样的混乱。在婚姻中，一个人的思维是从"我们"的角度出发的，而离婚则迫使一个人的身份认同突然发生改变。正如伊丽莎白·巴雷特·勃朗宁曾对她的丈夫罗伯特·勃朗宁所说的那样："我爱你，不仅因为你的样子，还因为跟你在一起时我的样子。"心理学家发现，离婚是对性格影响最大的事件之一，这并不令人惊讶。邦女郎、超模莫妮卡·贝鲁奇和她的演员丈夫、法国人文森特·卡塞尔的离婚就说明了这一点。他们是真正的超级情侣，堪称欧洲版的布拉德·皮特和安吉丽娜·朱莉。他们在一起18年，包括14年的夫妻生活，他们有两个孩子，共同出演至少8部电影，但最后于2013年宣布离婚。

离婚对贝鲁奇和卡塞尔的打击就像任何默默无闻的夫妻离婚后遭遇的打击一样。贝鲁奇说，离婚迫使她变得更有条理，更脚踏实地，即尽责性更高，神经质水平更低。她在2017年的一次采访中说："我之前经常情绪激动，离婚使我在50多岁时发现了一个全新的自我。"[23]同时，文森特·卡塞尔离婚后也离开了之前一直居住的巴黎，搬到了里约热内卢。他说："在人生的下半场，一个人可能一次又一次地重塑自我。"[24]

关于离婚对性格的影响的研究取得了各种各样的发现。美国一项研究在6~9年间对2000多名美国男性和女性进行了两次性格测试。[25]结果显示，离异女性的性格往往变得更具外向性和开放性，这或许是因为她们觉得离婚是一种解脱。（尽管这与贝鲁奇对自己离婚后性格变化的描述不太相符，但贝鲁奇也曾公开表示自己离婚后感到很有活力，精力充沛。）[26] 相比之下，在这项研究中，离异男性表现出的性格变化更大：他们会变得更不稳定，更缺乏责任感，好像婚姻关系给他们提供了某种支撑，让他们的生活更有组织性，而离婚后，这种支撑和组织性就严重缺失了。

其他研究发现了不同的性格变化模式。比如，德国一项对500名男女的研究发现，无论是男性还是女性，离婚往往会导致他们的外向性下降，这也许是因为婚姻破裂会让一些人失去他们作为一对夫妻结交的朋友。然而，另一项涉及14 000多名德国人的研究发现，离婚提高了男人对获得新体验的开放性，这似乎符合文森特·卡塞尔在离婚后移居巴西，并对重塑自我充满信念的行为。[27]

我们可以利用性格改变的原理去预测重大生活事件的影响。例如，上文提到的德国研究发现，男性和女性在离婚后均会变得更加内向，那么如果你曾不幸离过婚（或经历过其他重要关系的破裂），或者你现在正在经历这类磨难，你就要认识到一个可能的结果，即你会变得更内向，这样你就可以未雨绸缪，采取干预措施，让自己的性格变得更外向，你将因此大大受益。

事实上，其他研究也表明，无论是由于离婚还是其他原因，孤独感都会对性格产生不良影响。德国另一项涉及12 000多人的研究发现，那些一开始就将自己描述为孤独的人在研究结束时外向性和亲和性往往更低。[28]

这并不奇怪,因为其他关于孤独心理的研究表明,孤独会让我们对社会轻视和排斥非常敏感。这可能是人类进化的后遗症:人类祖先发现自己孤独地生活在一个危险的世界里,因此,一定程度的偏执会给他们带来一些好处。但不幸的是,孤独的人更容易发现被拒绝的迹象,比如别人的转身或愤怒的表情,他们的大脑对孤独、孤单等消极的社交词汇高度敏感。[29]

研究表明,另一种完全不同的重大生活经历会对你的性格产生更大影响,这种经历就是失业。对大多数人而言,工作中的角色是身份认同的重要组成部分,并在很大程度上构成了你的生活。如果你曾不幸失业,或者你知道自己即将失业,你会发现时间忽然都属于自己了,当你在派对上新结识的人问你做什么工作时,你会不知道如何回答。这时,你的思维、感受和行为会发生巨大变化,而这三个因素构成了性格特质的基础。

失业对性格的具体影响或许会随着时间的推移而变化,这取决于失业期的长短。由克里斯托弗·博伊斯领导的一个心理学家团队通过研究数千名德国人证实了这一点,这些人相隔4年完成了两次性格测试。[30] 在此期间,210名志愿者失业后一直处于失业状态,251名志愿者在失业后的一年内找到了新工作。

失业对男女性格的影响是不同的。男性刚失业时,亲和性会增加,这或许是因为他们要努力调整自我,试图给亲友留下好印象。但多年失业会带来负面影响,他们终究不如工作的男性受欢迎。随着时间的推移,失业的男性的尽责性会降低。我们可以想象得到这种变化的不同表现形式,比如缺乏远大目标、专注力下降、更慵懒、内驱力更弱、守时观念更差、对自己外表的自豪感降低等等。相反,女性在失业初期会表现出亲和性与尽责性的下降,但失业多年后这些数据反而出现反弹。研究人员认为,这可能是因为女性可以找到新方式来安排自己的生活,而且传统的女性角色也会给她们带来慰藉。

值得庆幸的是,与那些在研究期间一直在职的参与者相比,那些在研究结束前就重新找到工作的失业者在两次测试中并未表现出性格差异。这表明那些重新找到工作的人已经从失业的负面影响中恢复过来。

令人担忧的是,长期失业会对男性的性格产生负面影响,这类似于孤独会降低外向性。你的亲和性和尽责性越强,找到新工作的概率就越大,但研究表明,失业越久,人们在这些性格特质上的得分就越低,从而引发令人担忧的恶性循环。

值得庆幸的是,糟糕的生活经历可以为我们实现积极的改变创造机遇。(回想一下我那个叛逆的同学,他在成为舍监助理后成功地改变了自我。)曾获奥斯卡提名的演员汤姆·哈迪比大多数人都清楚这一点。他是一个彻头彻尾的叛逆者,从十几岁就开始酗酒和吸毒,但2003年,他突然戒掉了这些恶习。那一年,他26岁,有一天,他在伦敦苏豪区的一个贫民区彻夜狂饮,醒来时身上沾满了自己的呕吐物和血迹。从此,他下决心改过自新,并逐渐成为好莱坞最勤奋、最受尊敬的演员之一。他认为是工作给了他改变的机会:"演戏是我可以做的事情,因为我发现我擅长演戏,所以我想为之付出时间和精力。在做演员的日子中,我感到很幸运,因为我能以它为生,我喜欢演戏,我每天都在从中学习。"[31]

研究表明,失业对性格有消极影响,而工作对性格有积极影响,这与汤姆·哈迪的经历是一致的。年轻人在开始工作后,自觉性比工作之前会有很大的提升。[32] 心理学对此的解释是,工作对我们提出了新要求,塑造了我们的思维、感受和行为方式,随着时间的推移,我们会做出改变以满足这些要求。对大多数工作来说,这意味着我们将变得更有条理、自律和自控,这些都是尽责性的构成元素,有助于我们按时完成项目,并与同事、客户培养良好的关系。研究还表明,获得晋升可能与初入职场有类似的效果:随着职位晋升对我们提出更高的要求,我们需要再次调整自我,去适应新的岗位,从而进一步增强我们的尽责性与开放性。[33]

生活中另一件往往令人愉悦的重要事件就是与伴侣同居和结婚。对异性恋者的研究一致发现,男性同居后往往更有责任感,这可能是为了满足伴侣对干净、整洁的期望(女性同居后在尽责性方面的平均得分也有所提高)。[34]

婚姻对一个人的性格有何影响呢?在晚宴上被已婚夫妇包围的单身男人可能会思考婚姻是否会扭曲人的性格,以便使自己获得自我满足感。(就像电影《BJ单身日记》里的场景那样,布里吉特在宴会上被一群已婚夫妇包围着,这群人假装关心她的情感状态,却流露出一种高傲的态度。)心理学家还没能完全回答这个问题,但德国的另一项研究却给出了答案:研究人员持续4年观察了近1.5万名志愿者的性格变化,他们发现研究对象如果在研究期间结婚了,那么其性格的外向性和开放性都有所下降,这可以说明婚姻令人变得比婚前更无聊了。[35]

也有证据表明，婚姻有助于人们磨炼出某种性格上的技能，尤其是自控能力和谅解能力，因为在婚姻关系中，当你必须保持缄默，而不是冒着风险去争论时，当你的配偶把盘子留给你刷，或者和邻居调情时，你不得不对配偶睁一只眼闭一只眼。荷兰心理学家曾让近200对新婚夫妇在婚后不久填写问卷，并在接下来的4年中每年填写一次问卷，其结果证明了这一点。[36]这些已婚志愿者的自控力和谅解能力都有显著改善，事实上，他们在婚姻中的自控能力的提升幅度，几乎等同于专门参加自控能力培训项目的人达到的效果。

当然，婚姻对性格的影响在一定程度上取决于配偶的性格和行为，以及你们关系的发展轨迹。另一项研究对近540名荷兰母亲进行了长达6年的反复测试，发现那些每天从伴侣（或孩子）那里获得更多关爱和支持的母亲，随着时间的推移，性格往往更具亲和性、开放性和稳定性。[37]这也说明性格会根据你所处的环境而不断演变和适应。

不幸的是，生活中有些快乐的事并不一定会对性格产生积极影响。我经历过的最快乐的时刻发生在2014年4月，那是一个阳光明媚的日子，我的双胞胎出生了。这两个小家伙（一个女孩和一个男孩）给我带来了无尽的骄傲和快乐，尽力照顾他们成为我生命的新意义，他们让我找到了明确的目标和方向，这是前所未有的。但孩子出生后，我的生活发生了很大的变化。现在，回想起没有孩子时的生活，我都不知道我和妻子是如何打发那些无尽的空闲时间的。孩子出生后，我们的自由不断被挤压，我们感到越来越焦虑，承担的责任越来越重，这些都是挑战。

正是这些挑战，尤其是努力实现做一个好母亲或好父亲的理想所带来的压力，在一定程度上解释了为什么一些研究表明养育孩子会对性格产生负面影响，尤其是自尊方面的影响（可能诱发神经质，导致情绪不稳定）。比如，在最近的一项研究中，超过85 000名挪威母亲在怀孕期间完成了问卷调查，然后在生产后的3年内又完成了几次问卷调查。[38] 意料之中的是，大多数女性在生完孩子后的6个月内都很兴奋，她们的自尊感也在这个时期有所提升。但在接下来的两年半内，她们的自尊感却越来越低。好消息是，这种状态似乎不是永久性的，因为一些母亲参加了不止一次调查，当她们在孩子出生的数年后重新参加问卷调查时，其自尊感通常会恢复正常水平。

然而，其他多项涉及数千名志愿者的研究发现，抚养孩子似乎会对性格产生负面影响，包括尽责性和外向性的弱化。[39] 抚养孩子对外向性的影响是显而易见的，因为当你睡眠不足，并且身边有一个孩子时，你很难抽空参加娱乐活动和社交活动。虽然很多人觉得抚养孩子带来的沉重职责会提升一个人的尽责性，就像找到工作和晋升后尽责性增强一样，但抚养孩子事实上反而会对尽责性产生负面影响。为什么会这样呢？这至今依然是个谜，没有任何研究能给出确切答案。一种貌似合理的解释是，抚养孩子给人提出的种种新要求实在是太沉重了，而且非常棘手，令人不知所措。

最后，丧亲往往给一个人的性格带来毁灭性打击。在《卫报》发表的一篇特别感人的报道中，艾玛·道森描述了她在失去年仅32岁的妹妹后的悲伤，她说那种悲伤与其说像海浪，不如说像"一列巨大的货运火车撞入了你的灵魂"。[40] 她记录了自己的感受："好像有人吸走了你的一切——你的内脏、你的心脏、你的氧气、你的整个生命。"她详细描述了当时的几种感觉，包括孤独（避免和朋友说话）、焦虑（甚至想到自己的死亡）、内疚（没能保护好自己的妹妹）和对自己的懊恼（比如，她想起自己小时候把属于妹妹的东西扔了，感到很懊恼）。

令人惊讶的是，关于丧亲对性格特质的影响的系统性研究很少。在已经完成的少数研究中，与对照组参与者相比，丧亲者的性格变化并不存在什么标准模式，这可能是因为丧亲的影响非常多样和复杂，以至于我们难以发现它对性格的规律性影响。一项研究发现了失去亲人后神经质水平会提升的证据，这符合艾玛·道森描述的焦虑和愤怒情绪增加的现象。[41] 近年来，德国研究人员对同一组人进行了数十年的跟踪研究，发现了一系列与失去配偶有关的性格变化。[42] 比如，在失去配偶之前，人们的外向性有所增强，这可能是由于人们在照顾配偶和联系医护人员时要参与许多社交性活动，而在失去配偶之后，他们的外向性又有所降低。此外，不出所料，人们在失去配偶之前表现出越来越严重的神经质，情绪越来越不稳定，但在随后的几年里，他们的情绪会逐渐恢复稳定。这些发现为性格特质和人生经历之间的动态关系提供了一个清晰的例证。

生活并非只有随机性

生活经历与性格之间的动态关系并不是单向的，换句话讲，在你的生活经历塑造你的性格时，你的性格也会反过来影响你的生活。瑞士研究人员评估了数百名参与者的性格，并在 30 年的时间里采访了他们 6 次。[43] 他们发现，具有特定性格的人，尤其是那些情绪稳定性较差、尽责性较低的人，更有可能在研究过程中罹患抑郁症和焦虑症，而且更有可能遭遇感情破裂和失业。这些都是令人不快的生活经历，很可能会反过来塑造我们的性格。

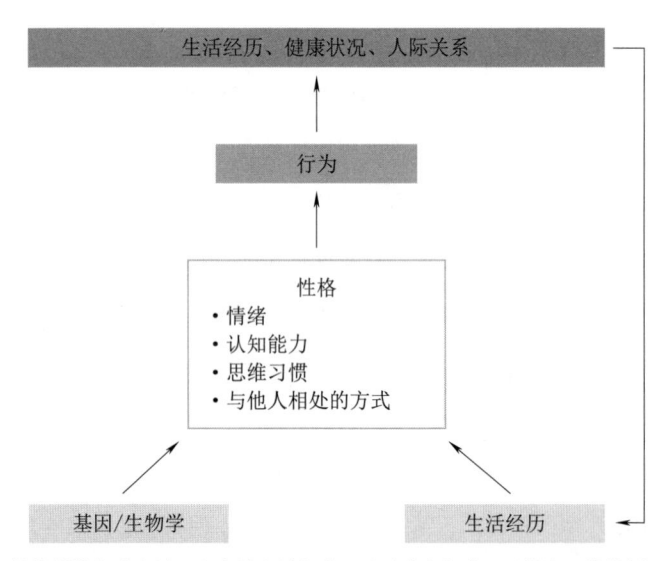

```
┌─────────────────────────────────┐
│   生活经历、健康状况、人际关系   │
└─────────────────────────────────┘
                ▲
                │
         ┌──────────┐
         │   行为   │
         └──────────┘
                ▲
                │
      ┌────────────────────┐
      │        性格         │
      │  • 情绪             │
      │  • 认知能力         │
      │  • 思维习惯         │
      │  • 与他人相处的方式 │
      └────────────────────┘
           ▲           ▲
          ╱             ╲
  ┌──────────────┐   ┌──────────┐
  │ 基因/生物学  │   │ 生活经历 │
  └──────────────┘   └──────────┘
```

性格既能塑造生活，也会被生活塑造。通过改变行为、习惯和日常惯例，你能改变自己的性格特质，从而改变自己未来的生活

在所有的性格类型中，亲和性强的人似乎最善于塑造自己的生活经历，这就解释了为什么他们总是看似心情很好。研究人员在心理学实验室证实了这一点：他们先让参与者自行选择凝视一组积极性照片（比如可爱的婴儿）或消极性照片（比如头骨），并记下他们凝视这组

照片的时间,然后让他们在一系列愉快和不愉快的活动中做出选择,比如听一场关于烘焙或人体解剖的讲座,或者看一部喜剧或恐怖电影。[44]与其他人相比,亲和性得分较高的人表现出了一种一致的模式——他们更喜欢让自己置身于积极的环境和经历之中。

所以,你的性格特质显然会影响你的生活经历,也会影响你对这些经历的反应。以婚姻为例,数十年来的研究发现,结婚通常会带来短暂的幸福感,但随着新婚夫妇适应了新的生活方式,幸福感会很快回落。2016年的一项研究却发现,并非所有人都是如此。我们经常说,有些人天生就是一个好丈夫/好妻子(而另一些人似乎更适合单身生活),这项研究就证明了这一点。它发现,对一些人而言,婚姻似乎确实带来了幸福感的持久提升。具体来说,尽责性和内向性更强的女性以及外向性更强的男性在结婚之后,生活满意度有所提升,这可能是因为婚后的生活方式更适合这些人,但这一点还需要更多研究加以验证。[45]

我希望本章能让你清楚地意识到,性格会不断地塑造我们的生活经历,同时也在不断地被生活经历塑造。在下一章,我将探讨一种常见的生活经历,即罹患大脑损伤以及其他身心疾病。这种不幸经历对性格的影响尤其大。大脑损伤以及身心疾病可能剧烈而永久地改变一个人的性格,因此,仔细考虑它们的影响至关重要。

在我们继续探讨之前,你可以后退一步,扩大你的视角,花几分钟重新思考一个问题:你有过哪些重大的生活经历,以及这些经历是如何塑造你的性格的?

练习：回想你的生活经历

很多人试图从生活经历改变性格的案例中总结出一个标准模板，为人们提供经验和教训，但这很难，因为没有任何一项研究能够捕捉到现实生活的复杂性。除了主要的生活经历，生活的细枝末节也在潜移默化地影响着我们的性格，这些影响也值得考虑。重大生活事件并不是孤立地影响我们，而是与整个人生共同作用。过去的人生相当于一个序幕，重大事件可能会标记出你人生的重要篇章，但要真正理解到底哪些因素塑造了你今天的性格，你需要反思你的整个人生。心理学家塔莎·欧里希在 2017 出版的一本关于自我意识的畅销书《真相与错觉》[①]中写道："如果生活中的每件事都是一颗星，那么我们的生活故事就是一个星座。"[46]

以下写作练习可以帮助你反思自己的生活故事。[47]你做这个练习的方式能反映你的性格，以及你所经历的一切对性格的影响。虽然第一章末尾的性格测试通过一系列对性格特质的评分揭示了你的性格，但通过反思自己的生活以及描述自己的生活故事，可以让你对西北大学心理学教授丹·麦克亚当斯所说的"叙事身份"有一个大致的认识。[48]

首先，回顾自己的生活，根据你自己的定义，想出两个重要的人生巅峰式的经历（高峰体验）、两个人生的至暗时刻（谷底体验）、两个人生转折点（比如你的决策、与某人邂逅的感情经历，或导致你处

[①] 《真相与错觉》一书中文版已由中信出版社于 2019 年出版。

于人生岔路口的某个事件）、人生早期的两个关键回忆，最后，再想出两个给你留下深刻记忆的重大事件。接下来，你可以花一些时间，围绕这十个生活场景各写一到两段文字。写出事件的相关人物、发生的地点和时间、你的感受，以及你为什么特意遴选出了这一事件或场景。

写完后，再读一遍你的文字，看看有没有体现出某个重要主题，比如希望变得合群，或者不断努力提升自我，或者渴望建立新的关系，或者事件的开端很好往后却逐渐变糟的倾向——这种叙事方式被称为"污染性叙事"（contamination sequence），或相反的倾向，即某个挑战逐渐变成机遇——这种叙事方式被称为"挽救性叙事"（redemption sequence）。

如果你的叙述错综复杂，且存在矛盾之处，那么这是一个好现象，因为这种叙述如实地描述了生活的复杂性和矛盾性。简而言之，这说明你具备较强的自我意识。这些矛盾之处也可以解释你做的那些看似与性格不符的事，比如，如果你的叙述中的一个关键主题是帮助别人，这就可以解释为什么你花很多时间与他人交往，即使你是一个内向的人。塔莎·欧里希在《真相与错觉》一书中说："接受（生活故事中的）复杂性、细微差别和矛盾，将有助于你真实地理解既美好又混乱的内心世界。"

研究表明，一个人如果更多地采用挽救性叙事，那么这个人就更快乐，而如果他更多地采用污染性叙事，那么这个人就更沮丧（而且在神经质方面的得分较高）。注意，在回忆同一个事件时，人们完全可能采取相反的叙事方式。比如，如果一个人曾经遭到校园霸凌，那么在回忆这段经历时,他可以单纯地将其视为一段痛苦、受伤的时光(这种叙事方式就属于污染性叙事),但反过来,他也可以说这段经历增强了自己的适应能力,且有助于自己最终发现真挚的、更有意义的友谊(这种叙事方式就属于挽救性叙事)。

就一波三折的故事和多角度的叙事而言,这种叙事方式的复杂性是性格开放性的标志,而经常提到建立某种人际关系是高度亲和性的标志。叙述故事的方式就是你的叙事身份(narrative identity),这几乎是你性格的另一面,甚至比你的性格特质还重要。但需要记住一个重要的事实,即你的叙事身份如同性格特质一样,也会随着时间的推移而趋于稳定,但并非固定不变。

如果一年后再次做这个练习,你可能想到不同的关键事件,而且就算你再次想到了同样的事件,你也可能会从不同的角度去叙述。事实上,如果你这次的叙述充满了黑暗和悲伤的结局,那么下一次你可以从一个新视角去叙述你的经历,比如把挫折看作学习的机会,把磨难看作力量的源泉。这正是所谓的"叙事疗法"的目的,因为我们对过去的事件的认知方式,会影响我们今天的性格和未来事件的进程。研究表明,当人们更多地讲述积极的个人故事时,他们的幸福感会随之增加。[49]心理学家丹·麦克亚当斯说:"我们讲述的最重要的故事就是自己的生活。"[50]

改变性格的十个可行步骤

降低神经质水平

- 抽出几分钟,想一下是否曾有某个具有挑战性的生活经历让你变得更好,把它写下来。事实证明,采用挽救性叙事去讲述生活故事可以增强你的心理韧性。
- 多拥抱你的伴侣、朋友或同事(当然,在疫情期间要征得别人同意,并采取适当的防护措施)。充满感情的肢体接触具有强大的情绪力量。事实上,最近的研究表明,性生活多的人之所以更快乐,主要原因就是他们拥抱别人的次数更多。

增强外向性

- 你可以考虑加入当地的国际演讲会分会。这个组织成立于 1924 年,旨在提升人们的演讲技巧。演讲顾问约翰·鲍威觉得该组织类似于旨在帮助害羞的人戒酒的嗜酒者互戒协会。
- 这周就问问同事是否愿意与你喝杯咖啡,或打电话聊聊天。研究表明，当内向的人表现得更加外向和乐于社交时，他们获得的美好体验会超出自己的想象。

增强尽责性

- 和朋友约好定期去健身房锻炼。如果放弃自己的计划意味着让别人失望，你就不太可能放弃。如果是同自己喜欢的人一起，你可能会更喜欢去健身房。顺便说一句，如果你为自我改变写下一份承诺书，并让一个亲密的朋友或亲戚与你在承诺书上共同签字，那么你就更可能坚持下去。对我们在乎的人负责有助于增强我们的决心。

- 把厨房里的酒、饼干等诱惑性强的食品放在视线之外，把更健康的食品放在视线之内。关于意志力的研究表明，那些看起来更自律的人在抵御诱惑方面做得更好。

增强亲和性

- 下次有人激怒你时，思考一下导致这些行为的环境因素。我们很擅长以这种方式为自己开脱，但我们往往对别人不太宽容。

- 写下同你一起生活、工作的人身上那些令你敬佩的性格特质。

增强开放性

- 看一部自然纪录片，比如英国广播公司的《地球脉动》。你会体会到敬畏感，这有助于增强你的谦逊之心和开放性。

- 下次去餐馆吃饭的时候，尝试一些没去过的餐馆。

第三章 病理性性格改变

2011年2月19日晚,28岁的爱丽丝·沃伦德——一家数字企业的老板,凯特王妃的大学朋友——在伦敦富勒姆区遇到事故,当恢复意识时,她甚至不知道自己是被某个东西从自行车上撞了下来,还是自己摔倒了。据报纸报道,她很幸运,因为当时附近恰好有医护人员在处理另外一起事故。[1]他们发现了爱丽丝,并说服她跟他们去医院。CT扫描显示,她的大脑里有淤血。第二天,她接受了5个多小时的手术。

爱丽丝的故事并不罕见。在英国,每年都有数十万人因脑部损伤而住院治疗,美国每年的数字则高达数百万。在最严重的情况下,脑损伤可能导致死亡、昏迷、瘫痪、失语、丧失理解能力,以及其他生理残疾。在之后数月里,虽然艰苦的康复工作取得了很大进展,但爱丽丝依然出现了许多并发症,其中许多与脑损伤有关,包括头痛、失忆和嗜睡。

这次事故给爱丽丝造成的另一个深远影响，也是我分享其故事的原因，就是她的性格发生了重大改变。这是脑损伤幸存者经常遭遇的一个问题。[2] 从生理层面看，我们的性格特质在很大程度上受制于大脑神经网络机能。考虑到这一点，脑损伤导致性格改变的现象就不太令人惊讶了。如果受伤或疾病改变了大脑神经网络的运作方式或打破了其内部的微妙平衡，那么我们的思维习惯、行为习惯，以及自己与他人相处的方式几乎必然发生改变。

人们遭遇某种伤害或疾病，进而导致性格改变的可能性是非常高的，这意味着除了前一章讨论的各种导致性格改变的生活经历之外，病理性因素也是塑造我们性格的另一关键力量。

在这一章中，我将分享一些人的故事，这些人在遭遇脑损伤、痴呆或精神疾病后经历了深刻的性格变化，我将根据最新研究成果，探讨这类性格变化的方式和原因。这些故事将给我们带来新的领悟，帮助我们更好地理解性格的可塑性及我们自身的脆弱性。

盖奇"不再是原来的盖奇了"

关于脑损伤或创伤对性格的影响，医学和心理学基本上都只强调其消极的一面，这是可以理解的。脑损伤患者菲尼亚斯·盖奇可能是神经学研究领域最著名的经典案例，他的故事充分说明了脑损伤对性格造成的戏剧性和破坏性影响。

盖奇是一名尽职尽责的铁道工人，1848 年，他在佛蒙特州中部的拉特兰—伯灵顿路段的铁路上工作，其间发生了一起意外爆炸，结果一根约一米长的铁棒从盖奇左侧颧骨下方插进了他的头部，从头骨另一侧穿了出去，但他幸运地活了下来。大脑前部对决策、冲动控制等诸多机能的发展至关重要，而且这些机能与性格特质的形成关系密切。所以，毫不奇怪的是，盖奇最早的医生之一约翰·哈洛写了一篇著名的文章，指出："他的思想彻底改变了，改变得如此彻底，以至于他的朋友和熟人都说他'不再是原来的盖奇了'。"具体来说，哈洛写道："曾经情绪稳定……精明、聪明的盖奇现在却常常间歇性发狂……不尊重人，对约束或劝告不耐烦，任性难料，反复无常。"[3]

历史学家最近重写了盖奇康复的故事——现在，他们相信盖奇的康复远比他们以前认识到的更彻底。尽管如此，盖奇起初出现的性格改变还是符合额叶综合征的症状，这在大脑额叶受损伤的患者身上很常见。虽然性格受到的影响不尽相同，但常见的有以下四种变化模式（具体出现哪一种，则取决于哪种神经回路遭到破坏）。[4]

○ 缺乏判断力和计划性；
○ 无法控制情绪（比如易怒和缺乏耐心），出现社会行为障碍（比如有攻击性、麻木冷漠或有其他不恰当行为）；
○ 情绪冷淡、缺乏同情心和孤僻；
○ 容易过分忧虑，面对问题经常感觉无能为力。

这些性格变化模式并非独立存在的，而是彼此之间存在重叠。大多数额叶综合征患者都有不同程度的问题，比如缺乏计划性、社交行为不当、焦虑和冷漠。就五种主要的性格特质而言，这意味着神经质水平（或者说情绪不稳定性）的提升，以及尽责性和亲和性的降低。

在日常生活中，病理性性格变化可能以一些戏剧性或平凡的方式表现出来。比如，神经心理学家保罗·布罗克斯描述过这样一个中年男子。有一天，这名男子觉得自己的生活毫无前途，便开始随心所欲地跑到海边玩儿，他喜欢做一些小偷小摸的事情，给自己买了一把芬达电吉他。最后，他离开了妻子，辞掉了工作，搬到一个海滨度假胜地，成为一名酒吧工作人员。[5]从表面上看，这个案例似乎具备了中年危机的所有特征，但后来有一天，他忽然出现了癫痫，大脑扫描显示他的额叶部位有一个巨大的肿瘤。正如布罗克斯所说，这个肿瘤一直在"暗中调整着他的性格"。

研究表明，正是这类性格改变导致患者好像拥有了一套截然不同的道德体系，令亲友感到痛苦忧伤。与性格的其他要素相比，道德被视作自我意识的真正核心。[6]

令人惊讶的是，越来越多的人意识到，脑损伤有时也会产生有益的性格改变。这就是我在本章开头提到的爱丽丝·沃伦德的经历。她在接受《每日邮报》采访时表示："我觉得我已经变成了一个更好的人……我变得更有耐心，能更坦率地表达情感，获得了前所未有的平静。"[7]在性格方面，爱丽丝的亲和性提高了，神经质水平降低了。[8]

在洛杰·索德兰德的奇特经历中，也出现了因神经受损导致性格发生积极改变的现象。她是2014年网飞公司纪录片《我美丽的大脑》（*My Beautiful Brain*）的主演及联合导演。2011年，索德兰德34岁，是一名纪录片制片人，她患上了由大脑先天畸形引起的中风，而她自己并不知情。她独自一人生活，有一天醒来时，她感到非常混乱，说不出话来，时而清醒，时而昏迷。她在附近一家酒店的公共厕所晕倒后，接受了紧急治疗。

经过脑部手术和多年艰苦的康复治疗，她的许多基本认知功能恢复了，终于能够过上幸福的生活。虽然她说她本质上同中风之前没有变化，但她的性格明显改变了很多——她的情绪变得更加敏感，美学意识被唤醒了，情绪不稳定性提升，开放性显著增加，更加乐于接触新事物、体验新的人生经历。

索德兰德告诉《泰晤士报》："你所有方面的体验都得到了强化，你听到的声音更响亮，你的眼睛更明亮，情绪更强烈。当你高兴时，你会达到狂喜的地步；当你悲伤时，你会觉得自己要毁灭了，根本无法应对这种感受。你的情绪就像狂风暴雨一样变化无常。"[9]

这听起来令人不快，但索德兰德找到了适应的方法：过一种简单的"修道式生活"。[10] 她告诉《泰晤士报》："我好像拥有了一个新的大脑，更喜欢现在的新生活。我很感激自己被迫重新评估生命的价值，也很感激自己简化的生活，这些经历促使我弄清楚我可以把精力集中在什么事情上，因为我不可能做到所有的事。"

头部遭受重击或脑部出血可能会导致某种有益的性格改变，这听起来似乎有点儿牵强，仿佛好莱坞电影里的情节。比如，在20世纪80年代风靡一时的浪漫喜剧《落水姻缘》中，歌蒂·韩饰演的社交名媛在一次游艇事故中撞到头部，之后反而变得富有同情心和爱心。最近，艾奥瓦大学的心理学家首次围绕脑损伤对性格的积极影响展开了系统调查。[11]他们发现，在97个先前健康的人里面，有22个在遭受神经损伤后，性格出现了积极的改变。[12]比如，一名70岁的妇女（患者代号为3534）在切除肿瘤的过程中脑部额叶遭受损伤，她那位58岁的丈夫觉得她之前是一个严厉、易怒且脾气暴躁的人，但她受伤后却变得更快乐、更外向、更健谈。还有一名30岁的男性患者，他在接受动脉瘤手术的过程中遭受了脑损伤，因而从脾气暴躁、闷闷不乐变得爱开玩笑、顺从和随和。

为什么大多数人在脑损伤后会经历消极的性格改变，而又有一小部分人经历了积极的改变？这个问题没有确切的答案，但它很可能与损伤的具体方式及其与受伤前的性格特质之间的相互作用有关。我在前文描述的那些由脑损伤引起的额叶综合征的典型特征，比如情感淡漠和抑制解除，可能导致一些之前高度紧张、孤僻的人变得更加平静，更喜欢社交。

研究结果还表明，当大脑中负责决策和接收他人观点的脑前部的额叶受到损伤时，性格更有可能发生积极的改变。这意味着，大脑损伤可以引发该区域的神经重新联结，从而对心理功能产生有益的影响。（顺便说一句，神经外科有时会故意通过刺激这部分大脑来治疗极其严重的抑郁症或强迫症。）

这些病人的故事提醒我们要牢记一个更深刻的认知：性格不仅仅是一个抽象的概念，而是有生理基础的，它在很大程度上来自我们的脑神经回路。此外，这种生理基础并非像烧制的黏土那样不可改变，而是一种可塑性物质。这种改变通常是很细微的，但即使是很小的改变，也可以随着时间的流逝而逐渐累积。当你养成有建设性的新习惯时，你就可以开始有意识地重塑当前的神经网络，这会让你变得更强大。相比之下，对脑损伤的幸存者而言，这种生理变化就显得更加随机、突然和充满戏剧性。脑损伤发生后，虽然通常会对性格造成有害的影响，但少数幸运者会因这种损伤受益。

"他不再是我们认识的那个人了"

罗宾·威廉姆斯是一位深受观众喜爱的喜剧演员，堪称演艺圈里性格最矛盾的人之一。在舞台上以及在公共场合，他是一个极度活跃、随心所欲的外向者；但在2001年接受詹姆斯·利普顿采访时，威廉姆斯承认，在休息期间的私人场合，自己其实是一个内向、安静的人。[13] 虽然他的性格已经存在巨大反差，但从2012年开始，他身边的人发现他的性格变化更大了。那一年是他与苏珊·施耐德结婚的第二年（那是他的第三段婚姻），距离他在2014年自杀只有两年。

威廉姆斯之前曾存在抑郁症和酗酒问题，2012年，在戒酒和停用精神治疗药物5年之后，他开始出现慢性焦虑的迹象。他的遗孀苏珊回忆说："他在休息室和其他演员交谈的时间减少了，他更难摆脱恐惧。"[14]

从那以后，他的焦虑不断加剧。2013年秋天的一个周末，苏珊描述说他的恐惧和焦虑飙升到了令人担忧的程度。她补充说："我已经在我丈夫身边许多年了，我知道他在恐惧和焦虑时的正常反应，接下来发生的事显然不符合他的性格。"[15]

与此同时，威廉姆斯的朋友、喜剧演员瑞克·欧弗顿也开始担心威廉姆斯出了什么问题。那一年，他们还在洛杉矶一起表演即兴喜剧，欧弗顿后来回忆说，威廉姆斯在舞台上活力四射，但演出结束后的晚上，他会看到威廉姆斯的眼睛变得黯淡无光。欧弗顿说："我无法想象他面临的重压，我做梦都不敢想。"[16]

2014年，也就是威廉姆斯去世的那一年，他的性格进一步恶化了。那年4月，在拍摄《博物馆奇妙夜3：墓葬秘密》（这是他最后一次出演电影）时，他经历了一次极其严重的惊恐发作。根据他的化妆师切里·明斯的回忆，他对切里说："我不知道该怎么办，我都不知道如何搞笑了。"威廉姆斯还曾告诉妻子说他想要"重启他的大脑"。[17]

接下来的一个月，威廉姆斯被诊断患有帕金森病，这是一种会逐渐恶化的神经疾病，主要表现为行动困难。但他妻子说，威廉姆斯怀疑这不能完全解释他所经历的所有变化，也不能解释为什么他"大脑失控"。[18]

2014年8月，威廉姆斯看望了他的儿子扎克和儿媳。据他的传记作者戴夫·伊茨科夫说，他当时表现得就像一个"意识到自己过了宵禁还待在外面的温顺少年"。换句话说，他的表现完全不符合他的性格。那个曾经滔滔不绝的演员已经成了一个幻影，一个从前的自我的幻影。随后，8月11日，他结束了自己的生命，用伊茨科夫的话来说，"他让这个星球笼罩在悲伤的阴影中"。欧弗顿回忆说："那时的他已经不是罗宾了。他不再是我们认识的那个人了，原来的他消失了。"

在尸检中，威廉姆斯性格出现巨大变化的原因才变得清晰起来：他一直患有弥漫性路易体痴呆（弥漫性指的是已经扩散到他的大脑）。这是一种相对罕见的痴呆，只有通过解剖发现干扰脑细胞功能的蛋白质团块，才能最终确诊。

一些证据表明，帕金森病也与性格变化有关，尤其是高度神经质和外向性降低。[19] 但路易体痴呆则会导致这些性格变化更有戏剧性，也更符合威廉姆斯的亲友对其去世前那几年的悲剧性描述。

罗宾·威廉姆斯的故事悲惨地表明，如同头部受伤、内出血或脑瘤造成的神经损伤会导致性格改变一样，神经退行性疾病也会导致性格改变。"我的丈夫被困在扭曲的神经元结构中，无论我做什么，都不能把他救出来。"苏珊·施奈德·威廉姆斯在《神经学》杂志上的一篇文章中写道。她给这篇文章起了一个很贴切的标题——《我丈夫大脑中的恐怖分子》（"The Terrorist inside My Husband's Brain"）。[20]

在美国，约150万人患有路易体痴呆，因此，这是一种相对罕见的疾病。阿尔茨海默病则是较为常见的痴呆，它也会导致性格改变，影响着近600万美国人。虽然阿尔茨海默病最明显的症状与记忆力衰退有关，但患者的亲属和看护者报告说，这种疾病会明显导致患者神经过于敏感，以及责任感降低。[21]（这些变化显然令人非常痛苦，但患者的艺术品位通常不受疾病影响，这给一些痴呆患者及其亲属提供了一些慰藉。）

一些研究人员将阿尔茨海默病患者同年龄相近且具有相似背景的健康志愿者做了对比，[22] 研究发现阿尔茨海默病患者通常神经质水平更高，而开放性、亲和性、尽责性和外向性水平较低。（虽然他们之间的性格差异可能在患者患病之前就已经存在了，但较低的开放性和尽责性肯定与较高的患痴呆的风险有关。）

性格变化至少在一定程度上可以归因于阿尔茨海默病，因为这种疾病会导致与这些性格特质相关的大脑区域的细胞消失。比如，这种疾病会导致靠近耳朵的海马体和靠近太阳穴的背外侧前额叶皮质体积逐渐缩小，而这些区域已被证明与神经质水平较高有关。[23] 阿尔茨海默病会导致这些区域的细胞逐渐死亡。[24]

关于阿尔茨海默病究竟何时开始改变患者的性格，在专家中间存在高度争议。一些人认为可以根据这些性格变化及早发现这种疾病，从而更早地为患者采取应对措施并提供支持。一些持怀疑态度的人则指出，研究表明性格变化是在疾病出现之后才开始的，而倡导性格测试的人指出，其他研究表明，性格变化确实发生在确诊阿尔茨海默病之前，尤其显著的特点是神经质水平显著提升。[25]

这些怀疑的论调没有阻止卡尔加里大学的扎伊诺尔·伊斯梅尔及其同事的探索。2016年，他们提出了一份包含34项指标的清单，列出了性格变化的不同迹象，扎伊诺尔告诉《纽约时报》，这是性格变化的隐性症状。[26] 下面是该清单中的一些项目。问卷由医生或患者的近亲完成，在6个月或更长的时间段之内，患者性格改变的迹象越多，越有可能出现该清单创建者所说的"轻度行为障碍"，这本质上是一种病理性性格改变。括号中是清单中的指标与主要性格特质的关系。

兴趣、动机和驱动力的变化（会影响到性格的开放性与外向性）：

○ 他/她是否对朋友、家庭或家庭活动失去了兴趣？
○ 他/她是否对之前感兴趣的话题缺乏好奇心？
○ 他/她是否变得不那么自发和主动，比如不太可能发起或保持对话？

情绪或焦虑程度的变化（会提升神经质水平）：

- 他/她是否变得更加悲伤或表现出情绪低落？他/她会有黯然落泪的时候吗？
- 他/她是否变得无法体验到快乐的情绪？
- 他/她是否变得对日常事务（如各种活动、他人的来访等）更加焦虑或担心？

延迟满足的能力，控制行为、冲动及饮食的能力，以及寻求奖励的行为上的改变（会影响到尽责性）：

- 他/她是否变得更加冲动，总是轻举妄动？
- 他/她在驾驶时是否会做出新的鲁莽行为或缺乏判断力（比如超速、急转弯、突然改变车道等）？
- 他/她最近是否出现吸烟、酗酒、吸毒、赌博或在购物时顺手牵羊等问题？

很难遵守社会规范及社交礼仪，难以表现得体或对他人抱有同理心（会影响到尽责性和亲和性）：

- 他/她是否开始不关心自己的言行给别人造成的影响？
- 他/她是否对别人的感受变得麻木？
- 对于在公共场合或私人场合应该怎么说、怎么做，他/她的判断力是否比之前有所下降？

其他形式的痴呆也会导致性格改变。比如，额颞痴呆是由大脑前部和颞叶的脑细胞缺损引发的，往往导致冲动的、不恰当的社会行为，在一定程度上体现了大脑前额叶受损的影响。相比之下，患有路易体痴呆（罗宾·威廉姆斯就曾患有这种疾病）的人则会变得比较消极被动，[27]比如丧失情绪反应能力，对爱好失去兴趣，变得更加冷漠，无目的地过度活跃（极度活跃，但没有指向任何目标）。

如果你在对照了上面的检查清单之后，担心自己或身边的人存在一些这样的变化，那么咨询一下医生或许是明智的，但不必恐慌。正如我所提到的，根据性格变化去判断是否罹患各种形式的痴呆依然存在争议，这不仅是因为性格改变究竟是否先于痴呆尚无定论，而且还因为一些专家担心这类清单可能会导致误诊和过度焦虑。

毕竟，正如我在前一章所描述的，失业、离婚等生活事件也能引起类似的性格变化。因此，虽然根据性格变化来及早发现阿尔茨海默病或路易体痴呆在理论上听起来不错，但在实践中，这种做法是有问题的。

"这显然不是她"

美国企业家、设计师凯特·斯佩德最初因为设计出了色彩鲜艳、引人瞩目的手袋而闻名，后来她把自己的名字和创新的天赋运用到一系列生活方式品牌中。从文具到时尚品类,她的产品无不反映了她那充满活力、富有情趣以及甜美的个性。包括米歇尔·奥巴马和妮可·基德曼在内的数百万女性被这些产品欢快、复古的魅力所吸引。然而,除了最亲近的人之外,其他人并不了解斯佩德。事实上,她一生中的大部分时间都在与内心的恶魔斗争。2018年6月5日,55岁的她在曼哈顿的公寓里自缢身亡。

后来,她的丈夫兼商业伙伴安迪·斯佩德发表了一份公开声明。他告诉全世界:"这显然不是她。"他解释说,凯特一直饱受抑郁症和焦虑症的折磨。[28] 这位才华横溢的设计师曾说,时尚配饰应该"体现使用者的个性,而不是赋予他们个性",而她自己丰富多彩的个性却被抑郁掩盖住了,最终酿成了悲剧。

不幸的是,像凯特·斯佩德这样的故事比比皆是。2016年,超过1000万美国人经历过至少一次严重的抑郁症,[29] 近5万人因此结束了自己的生命。[30] 当人们拿起笔,写下自己抑郁和焦虑的经历时,一个共同的主题就是这些痛苦经历扭曲了他们的性格。

你的性格源自思维习惯及同他人相处的方式。临床意义上的抑郁和焦虑会消耗你的能量,劫持你的大脑,滋生消极、可怕的想法,导致你厌恶社交。因此,精神疾病造成的几乎不可避免的主要后果就是降低性格外向性和提高神经质水平。澳大利亚喜剧演员帕特里克·马尔伯勒在为 Vice 杂志撰写自己的抑郁症经历时,简明扼要地指出:"当你头脑昏昏沉沉,一整天都碌碌无为,徘徊在绝望的念头中时,你就很难有力气去看朋友的演出、喝杯咖啡或回复一条短信。"[31]

这些患者的自述得到了一些长期研究的支持。这些研究评估了人们抑郁前和抑郁后的性格特质，证实神经质水平高的人更容易焦虑和抑郁，而且经历这些心理健康问题反过来也会提高神经质水平。比如，荷兰的一项研究在临床上调查了数千名志愿者的抑郁症和焦虑症，发现这两个心理健康问题都会加重神经质，而抑郁症尤其会导致外向性和尽责性的降低。[32]

还有一种精神疾病被称作"双相情感障碍"，它既包括抑郁症引发的情绪低落，也包括躁狂症引发的精力充沛、兴奋、注意力分散或易怒。双相情感障碍患者在抑郁和躁狂这两个状态之间反复转换，性格似乎发生了翻天覆地的改变。在躁狂症发作时，他们可能变成一个极其外向的人，甚至是一个自诩为先知、性格开放性极高的人，也可能会变成一个脾气暴躁无比、缺乏亲和性的人。[33]2017年，一名名叫凯特的年轻女性在接受《卫报》采访时表示："躁狂症会令你觉得自己很了不起，觉得自己无所不能，认为别人都喜欢跟你在一起，但躁狂症的坏处是容易导致一个人失去自控能力。"[34]

一个高度神经质的人不仅容易患上抑郁症和焦虑症，而且容易患上双相情感障碍。一些专家还提出，一种较为特殊的性格类型，即"轻躁狂人格"，也容易使人们在人生的某个或多个阶段患上双相情感障碍。下面几个关于该人格的表述节选自马克·艾克布莱德和洛伦·查普曼在20世纪80年代发明的评估这种性格的量表：[35]

○ 我常常感到既快乐，又烦躁。
○ 很多时候我的内心都很不安，不可能安静地坐着。
○ 我经常感到过于快乐和精力充沛，几乎到了头晕目眩的程度。

○ 在社交场合和聚会上，我通常是核心人物。
○ 我想我会很乐意当一名政治家，参加竞选活动。
○ 我表现得最好的时候大多是短暂的灵感迸发之时。
○ 我有时觉得，我取得的所有成就都是命中注定的。

轻度躁狂者倾向于认同上述说法。如果你符合前三项，那么就说明你有轻度的躁狂情绪，即高度兴奋且拥有似乎无限的精力。符合第四、第五项说明你比较浮夸、自大，觉得自己无论参加什么聚会，都会成为灵魂人物。符合最后两项则说明你富有创造力。

这个量表是否能够预测一个人罹患双相情感障碍的风险呢？这个问题一直存在争议，因为一些心理学家认为它不只是在评估一个人终生的个性特点，也可能检测到躁狂症的症状。他们认为，如果这个量表确实能够非常敏感地捕捉到躁狂症的当前症状，那么它自然能够预测一个人罹患双相情感障碍的风险。[36] 另一个关于单相和双相抑郁症的争议是，一旦抑郁症症状消失，它对性格的影响是会消失还是会持续存在，给精神世界留下永久的疤痕［这种说法被称作"疤痕假说"（scar hypothesis）］？

迄今为止，这方面的研究结果可谓喜忧参半。大多数研究发现，单相抑郁症患者康复后，患病期间的性格变化（包括神经质和内向性水平提高）会消失，患者的性格将恢复患病之前的水平。然而，少数研究则发现，即便患者康复，这种性格变化也依然会持续下去。[37] 比如，芬兰研究人员曾经针对数百名精神病患者开展了为期5年的研究，发现抑郁症的确会导致神经质水平的持续提升，尤其是研究人员所说的"伤害回避"倾向。他们解释说,具有这种倾向的人总是臆想自己将要受到伤害,从而积极采取预防措施回避潜在伤害,这种人一般比较悲观、压抑且容易疲劳。[38] 其他对双相情感障碍患者的研究也发现了这一点,即这类患者在冲动性、攻击性和敌对性方面的得分往往高于单相抑郁症患者,在神经质和开放性方面的得分往往高于没有精神疾病的人,但在亲和性、尽责性和外向性方面的得分却较低,这或许就是双相情感障碍遗留的"疤痕"。(但这些性格差异也可能在他们患病之前就存在了。)[39]

抑郁症会给性格留下"伤疤"的说法听起来令人很不愉快,但芬兰研究人员表示,从进化角度看,这些影响或许是有利的,因为如果不利环境先导致了抑郁,那么它将激发患者更为警惕和谨慎的性格,从而提高其生存概率。但问题在于,虽然在人类祖先不断面临各种威胁的时代,形成更具防御性、警惕性的性格更有利于生存,但在现代生活中这种性格却未必有用,尤其是在当前这个勇敢的社交行为更易获得回报的世界里。可悲的是,如果抑郁症的"疤痕效应"真的存在(记住,这一点目前还没有定论),这就意味着它会一直把患者困在消极情绪中,从而加剧抑郁症复发的风险。("疤痕效应"通过提高患者的神经质水平,进一步加深了他们面对疾病时的脆弱。)

从乐观的角度来看,抗抑郁药物、抗焦虑药物,以及各种形式的心理治疗至少可以在一定程度上削弱精神疾病对性格的有害影响,尤其是用于调节大脑化学物质血清素的抗抑郁药物——选择性5-羟色胺重摄取抑制剂(SSRI)已经被证实有助于提升性格的外向性,并降低神经质水平。一项为期一年的针对抑郁症患者的研究发现,与服用安慰剂的患者相比，服用帕罗西汀（SSRI 的一种）的患者的外向性提升效果是前者的 3.5 倍，神经质水平降低效果是前者的 6.8 倍。[40] 更深层次的分析表明，性格特质的改变不仅是抑郁症减轻的结果，而且在一定程度上还因为药物直接改变了性格的生物学基础。

焦虑症也存在类似情况。比如，一项针对接受了认知行为疗法的焦虑症患者的研究发现，他们的神经质水平降低了，外向性提升了（见图 3-1）。认知行为疗法是一种旨在调整人们看待自我及周围世界的偏见的心理疗法。[41] 患者在接受了这种疗法之后发生的性格变化，并非完全由于焦虑症症状的缓解，似乎还因为这种治疗通过改变患者的思维和行为习惯，直接对其性格施加了影响。

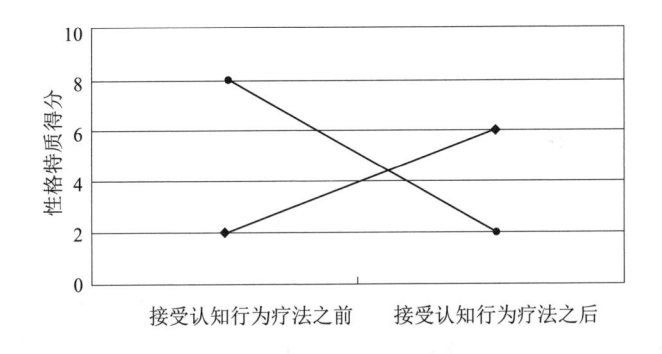

图 3-1　认知行为疗法对人格特质的影响

针对接受了认知行为疗法的患者的心理健康研究表明，这种疗法改变了他们的性格特质，尤其是神经质和外向性

数据来源：Sabine Tjon Pian Gi, Jos Egger, Maarten Kaarsemaker, and Reinier Kreutzkamp, "Does Symptom Reduction After Cognitive Behavioural Therapy of Anxiety Disordered Patients Predict Personality Change?" *Personality and Mental Health* 4, no. 4 (2010): 237 – 245.

英国记者、作家奥利弗·卡姆根据自己与临床心理学家合作克服抑郁症和焦虑症的经历，描述了认知行为疗法的效果。他写道："这种治疗不是弗洛伊德式的，而是苏格拉底式的，这是一个检测和改变破坏性思维方式的对话过程。我的医生解释说，抑郁症是一种严重的疾病，但我们并非对其一无所知：它源于认知错误。医生通过询问的方式，帮助我认识到究竟是哪些信念导致我精神崩溃，我便可以用更好的信念取代旧的信念，实现精神状态的恢复，并防止旧病复发。"[42]

精神疾病可以"偷走"一个人的性格，把一个大胆的外向者变成一个焦虑的隐士，但这些变化是可逆的。通过适当的支持和治疗，我们至少可以在一段时间内治愈"受伤"的性格。

创伤可以分裂人格，但也会带来积极的改变

有一天，塔拉发现她十几岁的女儿凯特竟然偷偷服用了避孕药，她极为震惊，情绪非常激动。这与许多母亲忽然发现孩子失去纯真时的感受一样。但与大多数母亲不同的是，这种强烈的情绪促使塔拉的性格发生了彻底的改变。她突然变得像一个十几岁女孩一样，离经叛道，爱上了一些叛逆的事情，姑且用字母"T"代指这种性格的塔拉。凯特回到家时，发现T正在卧室里翻箱倒柜地找时髦的衣服。T带着一股青少年特有的神气，邀请凯特和她一起去购物，用的是她的主体身份塔拉的信用卡。凯特并没有如你所想的那样惊慌失措，她意识到T是她母亲的另一种身份——母亲在有压力时就会转变成另一

种身份。事实上,凯特甚至给了T一个大大的拥抱,毕竟,T是母亲的多个身份中最讨人喜欢的一个。

上述一幕出现在《倒错人生》(United States of Tara)这部情景喜剧中。该剧因为准确描述了"分离性身份障碍"这种精神疾病而广受好评,这种疾病之前被称为"多重人格障碍",是历史上最具争议的精神疾病之一。患有该病的人经常在不同的、往往天差地远的性格及身份之间转换,他们有时会声称自己几乎忘记了在不同身份中的经历。托妮·科莱特扮演的虚构人物塔拉·格雷森患有分离性身份障碍,具有三个身份:第一个身份是爱丽丝,她过着非常纯洁的生活,生活态度十分虔诚;第二个是布克,他脾气暴躁,还抽烟,戴着墨镜,仿佛一个从战场上回来的老兵;第三个身份就是上文描述的T,一个仿佛还没有长大的小女孩,向来离经叛道的她不把任何规则放在眼里。在一些人看来,这种故事可能有些令人难以置信,然而,现实生活中也有许多同样戏剧化的案例。

这种分离性身份障碍让人想起了英国作家罗伯特·路易斯·史蒂文森创作的长篇小说《化身博士》。最近的医学文献中有一个研究案例,描述的是一位被诊断患有分离性身份障碍的退休精神病学家。他具有双重人格,他把其中一个人格称为路易斯,这是一个19岁的放荡年轻人,另一个人格被称为鲍勃,这是一个坐在童车上闷闷不乐的4岁儿童。[43]当这位精神病学家(在论文中被称为"S博士")被发现有婚外情时,他声称自己不记得这些事,并把责任推给路易斯,而当60多岁的他试图自杀时,他又把责任推给了鲍勃。

显然,分离性身份障碍是一种非同寻常的疾病,它挑战了我们对

"自我"这一概念的认知。面对如此神秘、戏剧性的现象，专家们给出不同的解释也就不足为奇了。一种主流观点认为，这种疾病是一种针对巨大创伤的防御机制，这种创伤通常发生在儿童时期，特别是在孩子缺少安全的依恋对象，缺乏一个爱他、关心他的成年人时。遭遇创伤后，孩子就会形成一种或多种不同的性格，以此逃避创伤，并更好地应对这个满是敌意的世界。这是一种应对策略，会一直持续到成年期。梅兰妮·古德温也曾患有分离性身份障碍，后来她创办了旨在帮助人们应对这种疾病的慈善机构——"第一人称复数"（First Person Plural）。她在接受《马赛克》（Mosaic）杂志采访时表示："如果你处于完全不可控的情况下，你就会进入一种解离状态，以求生存。创伤可以让你陷入冻结状态，如果创伤持续多年，那么你就会时常经历小规模的冻结状态。"[44]

同样地，大多数分离性身份障碍患者也都有过创伤经历。比如，患有这种疾病的精神病医生S博士小时候曾经被圈在床上躺了好几个月，他的兄弟姐妹在婴儿期就去世了，而且他的母亲是一个冷漠而疏离的人。梅兰妮·古德温表示，她从3岁开始就受到虐待。心理学历史上最著名的患者之一或许就是克里斯·科斯特纳·西斯摩尔了，她拥有伊芙·怀特、伊芙·布莱克等人格。1957年，她的故事被拍成了电影《三面夏娃》（The Three Faces of Eve）。西斯摩尔也经历过童年创伤：她在不到3岁时就看到母亲受到重伤，后来看到一个淹死的人被从水沟里拖出来，还在一家木材厂的事故中看到一个人被锯成了两半。遵循着这种典型模式，虚构人物塔拉·格雷森也有遭到虐待和强奸的经历。

然而，一些临床心理学家，如斯科特·利林菲尔德（已故）和史蒂夫·林恩（Steve Lynn），对患有分离性身份障碍的人是否真的具有独立人格持怀疑态度。比如，他们指出，周密的检测表明患有分离性身份障碍的人并非真的遗忘了自己在不同身份下的经历，只是认为自己已经忘了。他们认为患者只是无法洞察自身的情绪和意识，所以他们并非假装遗忘，至少不是有意识地遗忘。反过来这种疾病又同患者的睡眠问题和情绪问题夹杂在一起，导致他们难以形成连贯的自我意识。根据这种社会认知层面的解释，有些人，尤其是那些极易受到外界影响的人、容易产生幻想的人、容易出现奇怪感知体验的人，以及情绪变化迅速的人，会通过诉诸多重人格的叙事方式，去理解自己混乱的精神世界。至少在某些情况下，他们在小说中读到的关于人格分裂的概念或治疗师向他们提出的想法，都可能塑造这种叙事方式。

导致问题更加复杂的是，一个人在早年生活中遭遇的创伤，会导致另外一种与此密切相关的人格障碍，即"边缘型人格障碍"，或者说"情绪不稳型人格障碍"。与分离性身份障碍一样，患有这种精神障碍的人也会经历频繁的情绪波动、人际关系困难以及具有一致性的自我意识的缺失，但他们通常不相信自己还存在其他人格。（边缘型人格障碍患者比正常人更容易患上分离性身份障碍。）

本书的核心论点是探讨积极的性格改变的前景和潜力，就这一点而言，一个令人鼓舞的消息是，在如何帮助精神障碍患者这个问题上，科学研究已经取得了巨大的进展。在分离性身份障碍的治疗中，治疗师的目标是与客户建立一种信任关系，帮助他们学会如何妥善看待和应对过去的创伤，教给他们能更好地调节情绪的技巧，最后支持他们调和及整合不同的身份。初步研究表明，这些努力是有效的。[45]多年来，人们一直悲观地认为边缘型人格障碍是无法治愈的，因为人们觉得这种人格障碍会渗透到一个人的性格中，而由于性格被错误地视为坚若磐石，因此这种人格障碍也被视为永久性的。

值得庆幸的是，如今，人们已经普遍认识到，通过使用辩证行为疗法或类似方法，边缘型人格障碍患者完全有可能改变自己的心理和情绪习惯（比如，通过学习心理技巧来更好地容忍和管理负面情绪），掌握新的社交技能，并逐渐促使自己的性格朝着更健康、更快乐的方向转变。

辩证行为疗法借用佛教的理念来开导边缘型人格障碍患者，使其自发地用一种平衡的视角看问题，接受自身性格里面无法改变的方面，同时努力调整自己可以改变的方面。治疗师通过一对一的治疗以及小组合作去帮助患者掌握社交技巧和情绪技巧。除了辩证行为疗法，另一种治疗方法是心智化治疗，它通过帮助患者深入了解自己和他人行为背后的原因，使其得以建立更有意义、更健康的人际关系。比如，治疗师可能会帮助患者更好地理解自身行为如何影响周围的人，以及应该如何适当地对他人的表现和感受做出回应。

因此，尽管创伤会对你的性格造成一定的冲击，但只要投入足够的努力，获得足够的外界支持，学习新的社交技能、情绪习惯和情绪管理技巧，你依然有可能重新获得情绪的控制权，促使自己的性格实现持久、有益的改变。

同样令人振奋的是，正如脑损伤有时会促成有益的性格变化一样，对一些人而言，创伤性生活经历事实上也可能带来可喜的性格变化，心理学家将这个过程称作"创伤后成长"。这种观点认为,创伤可以促使人们重新评估自己的人生,调整不同生活事件的优先顺序,并改变对未来的看法。从癌症患者到自然灾害幸存者,研究人员现在已经在许多群体中观察到了这类创伤后的积极变化。

为了测量创伤后成长,心理学家通常使用由美国心理学家理查德·特德斯基和劳伦斯·卡尔霍恩开发的一种量表,该量表涉及五个维度的变化:[46]

- 与他人的关系(你与他人有更强烈的亲密感吗?或者,你现在是否能意识到自己有很多很棒的人可以依靠?)
- 新的可能性(你有没有发展新的兴趣爱好?或者,你是否发现了以前没有的新机会?)
- 个人力量(你觉得自己更强大了吗?你能更好地克服生活中出现的困难吗?)
- 精神变化(你的信仰增强了吗?)
- 对生活的欣赏(你是否比以前更珍惜每一天?)

到目前为止,只有少数研究关注了创伤后成长带来的性格特质的变化。就主要的性格特质而言,能够实现创伤后成长的人在开放性、亲和性及尽责性方面有所提升,在神经质水平方面有所降低。与此相关的有一项重要研究,它跟踪调查了配偶因罹患肺癌而不幸去世的人。这些人在丧失配偶后反而实现了创伤后成长,性格变得更具外向性、亲和性与尽责性。[47]

我觉得，我在2014年可能也经历了类似于创伤后成长的阶段。当时，我的双胞胎宝宝即将出生，而我的新雇主——纽约一家发展迅速的初创科技企业却要解雇我。这虽然不像自然灾害或车祸那样糟，但试想一下，在双胞胎出生前两周失去了工作是什么感受！

在获知被解雇时，我刚加入这家初创公司一个月，负责运营它的新博客。我当时觉得，这家公司能够为我提供改变现状的机会，对我很有吸引力。在那里，我获得了大幅加薪，而且遇到了从未遇到过的、令人赞叹的员工福利（我最喜欢的是公司付费的星巴克会员卡）。我并没有轻易决定接受这个工作机会，但家人都同意我的看法，认为这是一个令人激动的机遇。

雇用我的人是一位新任命的营销总监。我的工作内容是撰写心理学方面的文章，为设计师们提供建议和灵感。这听起来很适合我，但不幸的是，在我开始工作后不久，我发现创始人和首席执行官的理念不同（毫无疑问，这种混乱在快速发展的公司中很常见，我想补充的是，这家公司现在非常成功）。不过，当他们告诉我这个消息时，我的内心被一种越来越强烈的恐惧感淹没。对我而言，把这个消息告诉妻子的过程堪称一种心理创伤。

然而，在接下来的几天、几周里，我感觉自己对一些生活事件的优先级排序发生了变化。我开始意识到自己之前那份工作的优势，虽然那份工作没有什么令人激动的地方，但比较稳定。最终，在几个月后，我又回到了之前那个工作岗位（那是另外一个故事了）。的确，我怀念星巴克会员卡，但我看到了之前那份稳定的工作的价值，并在我的职业抱负和不断加重的家庭责任之间体验到了一种平衡（事实上，被解雇意味着我有了更多时间去陪伴家人)。所有事情都挫损了我的锐气,但不知何故,我反而变得更加聪明和快乐。

创伤后成长的理论为"塞翁失马,焉知非福"这句老话提供了科学依据。如果你正处于一段特别艰难的时期,或者你将来遇到了这种情况,那么这种想法就可能为你提供慰藉,因为你知道这种经历可能最终会让你变得更好。正如心理学家斯科特·巴里·考夫曼在推特上所写的那样:"逆境很糟糕,但克服逆境能给你带来巨大的益处。我们克服的困难越多,我们的复原力就越强。"[48]

一些心理学家对创伤后成长是否真实存在持怀疑态度。比如,有人认为,这可能只是一种创伤幸存者把事情往好处想,尽量让自己看到光明的思维习惯,并不代表他们真的在向更好的方向改变。然而,我自己相信"创伤后成长"这个概念有一定的真实性,特别是我们如果已经成功地培养了复原力或情绪稳定性,则更容易实现创伤后成长。比如,最近的一项元分析(即 meta-analysis,一种结合现有研究结果,从宏观角度看问题的统计研究)发现,创伤后成长对一些患有癌症的儿童和年青人来说是一个切实存在的现象。[49] 其他研究也发现,平均来看,经历过逆境的人往往更富有同情心(亲和性提升的一种表现),[50] 经历过更多创伤的人对自己的思维和记忆具备更强的控制力(尽责性的重要组成部分)。

在本章中,我分享了一些令人不安的及鼓舞人心的案例,以说明一个人在遭受身心创伤或疾病之后性格会发生变化。这些案例及有关研究结果进一步证明了性格的脆弱性与可塑性。换句话说,你是什么样的人,取决于你是否容易受到事故、压力和疾病的影响,这涉及一系列复杂的生理过程。从好的方面来看，有时这些因素会使你的性格变得更好，即使你的性格发生了你不想要的变化，你也可以通过正确的治疗、寻求专业帮助和支持去扭转局面。如果你或你认识的人受到了这些因素的影响，那么我强烈建议此人尽快寻求专业帮助。从根本上看，病理性因素改变性格的案例再次表明，人的性格会不断变化，这是一个持续的过程，而非无法扭转的最终结果。

改变性格的十个可行步骤

降低神经质水平

- 在卡片的一面写下正在令你苦苦挣扎的情绪,在另一面写下你觉得生命中最有价值的东西,然后思考一下二者之间的联系。如果你为了摆脱情绪困境而撕掉卡片,你也就失去了对你而言最重要的一切。从接纳与承诺疗法中我们得知,丰富而有意义的生活并不一定是最简单或最幸福的。

- 市面上有许多应用程序能教你正念冥想及类似技巧。选择一个适合你的应用程序,每周冥想两三次,这将帮助你感觉更放松,降低你的神经敏感度。

增强外向性

- 加入一个有利于拓宽社交圈的组织,比如参加即兴表演小组、合唱团或当地的足球队。如果你和别人共同参与某个很有挑战性的、需要依靠团队合作才能完成的活动,那么这将有助于你与他人建立联系。通常来讲，即使是性格内向的人，也会发现自己其实很喜欢社交。

- 去你认可的慈善机构做志愿者，这会让你接触到其他人，并践行对你来说很重要的价值观。这样做的一个副作用是你会对拓宽社交圈上瘾。

增强尽责性

- 下次你需要集中注意力的时候，想想哪些场所里的人有着你需要的那种专注力，然后就去这种地方，这可能是图书馆，也可能是共享办公空间。你也可以故意坐在最勤奋的同事旁边。研究表明，坐在一个高度专注的人旁边会影响你的行为。

- 把目标分解成切实可行的步骤，尽可能使实现这个目标变得更简单。如果你的目标是在每周的某个清晨上健身课，那么就确保在前一天晚上把健身包准备好，这样第二天早上你就可以直接出门了。一般来说，你制定的目标难度越小，实现的过程就越轻松。

增强亲和性

- 每周至少给朋友或亲戚发一次短信，表达你对他们的支持。研究表明，接收这类信息可以帮助人们应对具有挑战性的任务，降低他们的压力水平。

- 向陌生人表达你的友善，至少每周一次。这不仅对他人有益，而且有证据表明，经常做出这种善意之举也会提高你自己的身心健康水平。

增强开放性

- 每周写一篇"美丽周记",即在每周结束之际,写一篇周记,记录你觉得最美的自然风物或人造之物,或者人们美好的行为。连续坚持几周。
- 当你面临一个棘手的决定时,试着从第三人称的角度描述自己的困境。比如:"他在目前的工作中感到舒适和快乐,但新的机会令他更兴奋,也让他觉得更有挑战性。"用第三人称谈论自己是一个古老的技巧,这可以提高思想的开放性以及从别人的视角看问题的能力。

第四章 生活事件对性格的影响

演讲进行到三分半时,泪水开始顺着他的脸颊缓缓流下,这位因冷静、超然而被人们戏称为"史波克先生"的男子——奥巴马总统正在哭泣。当他停下来让自己平静一下时,房间里静了下来,接着爆发出一阵掌声。

事情发生在 2012 年的芝加哥,奥巴马总统在赢得连任的第二天致辞感谢他的竞选团队成员。[1]他告诉他们:"无论我们在接下来的 4 年里做了什么,那与你们将在未来取得的成就相比都是黯淡的,这是我希望的源泉。"

在这段演讲视频中,一向处变不惊的奥巴马公开抒发了自己的情绪,引得世界各地的人纷纷发表评论,使得这段视频迅速走红。事实上,奥巴马无法抑制情绪的情况还有很多。比如,2015 年,在为时任副总统小约瑟夫·拜登的儿子博·拜登致悼词时,他不禁潸然泪下。[2]

2016年，在关于枪支管制的演讲中，他也情不自禁地落泪，一度成为网上的热议话题。事实上，奥巴马曾多次在讨论这个问题时努力克制自己的情绪。

的确，奥巴马在很多情形下都会变得情绪化，因此回头来看，如果你读到一些对其公开抒发情绪而大惊小怪的新闻标题，你可能会感到奇怪。比如，2015年《纽约时报》的一篇新闻标题是《奥巴马竟放松警惕，流露情绪》。[3]再比如，2016年《华盛顿邮报》的一篇新闻配了一个简洁直白的标题：《奥巴马总统周二公然哭泣》。在媒体眼中，抒发情绪本身似乎具有新闻价值。[4]

然而，从另一个意义上说，公众和媒体对奥巴马情绪的反应并不令人惊讶，因为我们一直试图对别人的性格形成强烈、简单化的印象（或描述）。无论这个人是一位总统还是一位朋友，如果我们看到对方的行为方式与我们对其性格的印象不符，我们几乎都会感到惊讶。

毫无疑问，奥巴马在大多数时候表现出来的性格都是冷静的，他总能控制自己的情绪。正如白宫记者协会前主席肯尼斯·沃尔什在2009年所说："奥巴马是一个很酷的人。他似乎真的不会生气、沮丧、懊恼或情绪失控。"[5]在《大西洋月刊》的一篇深度分析中，詹姆斯·法洛斯指出："无论形势是好是坏……奥巴马都能摆出同样冷静的面孔。"[6]

根据前文提到的大五人格特质，奥巴马肯定是一个非常内向的人，在情绪稳定性方面得分较高（即神经质水平较低）。那么，如何理解他在多个场合肆意流出的眼泪呢？哪个才是真正的奥巴马呢？两个都是。毕竟，奥巴马也是人，情境的力量有时会压倒性格的力量。

如何解释你的行为方式：情境或性格

奥巴马的矛盾行为正是人格心理学在 20 世纪后期长达数十年的辩论的主题。有些人认为，在极端情况下，性格是没有意义的，因为情境的影响过于强大。这些"情境主义者"口中最著名的例子可能是菲利普·津巴多在 1971 年开展的"斯坦福监狱实验"。在这个实验中，那些扮演看守的志愿者后来居然开始虐待那些扮演囚犯的人，好像他们的性格已经被这种情境的力量控制。

后来，关于情境如何影响性格的争论变得更加微妙。心理学家沃尔特·米歇尔及其同事提出了一种行为解释，强调了人们受社会环境影响的特殊方式。在一项针对在夏令营中度过了 6 周的儿童的研究中，他们发现孩子们的行为方式在很大程度上取决于他们和谁在一起，但一个关键的事实是，虽然身处于同一个夏令营中，不同的孩子却会有不同的表现。[7]比如，当一个男孩被一个成年人训斥时，他可能会比他的同龄人更加愤怒，但如果这个男孩被朋友们取笑，他却表现得非常酷；相比之下，他的同伴在同样的情境下可能表现出相反的行为方式。这就意味着，如果动辄给孩子们贴上"好斗"或"懒散"的标签，好像这些是他们性格的基本特征一样，其实是具有误导性的。

在这些研究的背后，一些人甚至宣称"性格"本身就是一个伪概念。但正如我在本书开头所指出的，性格是我们的思想、感受和行为习惯的集合，它是真实的，而且显然非常重要，能够预测生活中从收入到寿命等各方面的结果。到了今天，很少有专家认为性格是一个伪概念。学术上的争论已经向前推进了，而且已经在某种程度上达成共识——性格和情境在解释人的行为方式时同等重要。[8]

你会在朋友和家人身上看到情境和性格的双重影响。在大部分时间里，你外向的朋友会比你内向的亲人更开朗活泼，更乐于追求享乐，但这并不意味着你那滔滔不绝的朋友每时每刻都很外向或想要纵情玩乐。

心理学家最近证实，人类的行为既有一致性，又会随着情境的变化而表现出适应性。他们拍摄了数百名大学生参加三种不同社交活动时的场景，在这些活动中，他们要同另外两个陌生人组成一个小组，每周进行一次讨论。[9]第一周是非结构化交流，学生们可以谈论自己喜欢的任何事情，而第二和第三周涉及结构化任务，并有经济奖励：其中一种任务是合作性的，另一种任务则是竞争性的。每周，研究人员都会统计学生们表现出68种不同行为——包括大笑、放松、微笑、滔滔不绝和发怒等——中的哪些行为。

正如你所预期的那样，学生在不同情境下表现出来的行为方式存在很大区别，也就是说，他们会调整自己的行为，以适应不同的情境。比如，一般而言，他们在非正式的交流中，会更加主动地分享关于自己的信息。然而，他们的行为在不同情境下也表现出了一定的一致性。比如，在某种情境下表现得较为矜持的学生，在其他情境下也会表现得相对矜持；一些无意识的行为，比如微笑，在不同情境下也会表现出一致性。这不难理解，因为这种行为不需要人们特意施加控制，而正是这种不经意的行为才能体现出我们的性格。

这些发现可以解释奥巴马总统看似矛盾的性格。是的，他有时会情绪化，但他情绪化的程度可能低于我们大多数人，尤其是从长期来看,以及从不同情境下的平均水平来看,那是因为他性格中的神经质水平和外向性都很低。但情境的影响也很重要,即便你像奥巴马一样情绪稳定、意志坚强,也会有一些特定的情境让你表现得不符合自己的性格,尤其是在情境的影响力过于强大,以至于压倒了你的一般性格时,比如在一场动荡且令人疲惫的竞选之后,向最亲密的支持者们发表演讲。

举一个比较极端的例子,如果有人拿枪顶着你的头,不管你的神经质水平是高还是低,你都会感到害怕,唯一的区别就是,如果你是高度神经质的人,你可能会感到更强烈的恐惧,并且事后更容易患上创伤后应激障碍。值得庆幸的是,我们很多人在日常生活中遇到的足以挑战性格的情境并非被别人拿枪顶着头,而是一种明确的、高要求的社会角色或职业角色,比如在婚礼上发言、拿着检查结果去看病或参加工作面试。

体育界或娱乐界人士提供了许多富有戏剧性的案例。我在前文提到过,网球运动员纳达尔在球场内外就像两个不同的人:场上如同超人一般勇猛,场外如同克拉克·肯特一般怯懦。许多拳击手也一样,其主要原因在于他们赛前要连续数月进行封闭式训练。来自新西兰的前世界重量级拳击冠军约瑟夫·帕克就说过,他一到训练营就会变成一个完全不同的人,遵循着严苛的生活方式和饮食要求(表明他的责任感很强),而在训练营之外,他喜欢吃馅饼、弹吉他(这种转变降低了尽责性,增强了外向性和开放性)。

一些运动员说自己一进入赛场,性格就会突然发生变化。比如澳大利亚板球传奇人物丹尼斯·李利,他以勇猛的快攻著称。在球场外,他是一个随和的外向者；但在球场上，他却变得充满攻击性，令人生畏。他在接受《电讯报》(*Telegraph*) 采访时表示："当我跨过赛场上的那条线时，我的性格就改变了。对我来说，这是一场战斗……你只想把对手摔到地上。"[10] 另一位前世界重量级拳击冠军、美国拳王迪昂泰·维尔德也描述过自己踏入赛场后的性格骤变："当我站在赛场上时，我的性格就会发生转变，我不再是迪昂泰。有时候我的样子甚至会吓到自己，那很吓人。"[11]

演员本尼迪克特·康伯巴奇曾说过，扮演夏洛克·福尔摩斯使他在拍摄结束后的很长一段时间内，在与人交往时变得唐突无礼，还容易不耐烦（即性格中的随和性降低了）。[12]

在不同场合表现出性格差异的不仅仅是体育明星、歌手和演员，常年从事性格研究的布莱恩·利特尔教授就描述过自己在演讲时会如何暂时转变为外向者。再举一个完全不同的例子，这个例子来自商界及社会活动领域，主人公是弗洛伦斯·奥佐（Florence Ozor）。她是"带女孩回家"（Bring Back Our Girls）运动的领导者之一，这场社会运动旨在加强人们对 2014 年遭到博科圣地组织绑架的女学生的困境的关注。她还是旨在维护尼日利亚妇女权利的"弗洛伦斯·奥佐基金会"的创始人。塔莎·欧里希在《真相与错觉》一书中描述道，奥佐其实是一个非常内向的人，但她通过早期的社会工作得知，要实现她期待的改变，她需要表现得像一个外向者，至少是在她进行社会工作时要外向。于是，奥佐对自己发誓："我再也不会因为害怕受到关注而逃避了。"[13]

在理解情境与性格之间的动态关系时，最基本的是要意识到，二者无时无刻不在发挥作用，共同塑造着我们的行为。然而，性格最终会彰显它的力量（尽管性格会随着时间的推移而不断变化）。

接下来，我将探讨情境与性格的相互作用，看一看情境、情绪、物质及人如何影响我们当前的行为方式，以及它们对我们的性格特质产生的长远影响。

性格的不稳定性与适应性

在考虑情境对性格的影响时，我们需要记住这样一个事实：比起其他人，有些人的性格会表现出更多的短期变化，这取决于我们在五大性格特质上的得分。尤其值得一提的是，如果你是一个高度神经质的人，你可能会发现自己的行为比较多变、难以预测，而如果你是一个外向的人，你的行为可能会比较稳定。这涉及性格不稳定性和适应性之间的区别，这种区别至关重要。

高度神经质的人从一个情境转换到另一个情境之后，行为往往变得不稳定、难以预测。在很大程度上，这种不稳定性的根源在于不稳定的内在情绪和心境。相反，外向者的性格更具弹性，行为更稳定，更容易预测，因为他们在不同情境下表现出来的行为更具相似性和一致性。当他们的行为确实发生变化时，主要原因在于他们适当地适应了社会环境的要求。

心理学家已通过实验证明了这一点。他们要求一些大学生连续 5 周用手机记录下自己在所有社交活动中的行为和感受。[14] 他们发现，高度神经质的人在邂逅不同的人时，其友善度更难以预测，即便在同一个社交场合中也是如此。(这有助于解释为什么高度神经质的人很难相处,以及为什么他们更容易遭遇人际关系破裂的问题。)同时,高度神经质的人对不同情境的适应性很差。也就是说,他们在调整社会行为方面似乎缺乏灵活性,难以按照一致的、有利的方式去适应不同的情境。

相反,外向性与亲和性较强的人在行为上更具一致性:随着时间的推移,他们往往更加快乐和友好,同时也表现出较强的适应性,能够妥善地调整自己的行为,以适应情境。(想象一下,一个亲和性强的外向者,在和朋友相处时往往表现得健谈、风趣,而且就算在比较严肃的情境下,也能表现出同情和关怀。)

和谁在一起会影响你的性格?

无论在什么情境中,最重要的因素之一都是和我们在一起的人。你应该能够回想起至少一个这样的人:当你和他(她)在一起的时候,你会展现出性格中特别坚强的一面或通常隐藏得很好的一面。

在我的成长过程中,祖母就是这样的人。当然,就算不在祖母面前,我通常表现得也很好,但在祖母面前时,我绝对如同天使一般,我甚至很惊讶自己为何没有像天使那样长出翅膀和光环。在祖母的陪伴下,我表现得比实际年龄大好几岁,从不做傻事,总是很听话,乐于助人,彬彬有礼。我早熟得令人难以置信:每当祖母说到现在的人言行举止越来越无礼,或者对电视上的粗话表示不满时,我都会一本正经地点头赞同——9 岁的我表现得像 90 岁一样。我觉得这就像自我实现的过程：因为我知道祖母认为我知书达礼，所以我就必须努力实现她的期望。

我举的自己的这个例子或许有点儿极端，但大多数人都倾向于根据自己的社会角色去调整行为方式。比如，如果你的老板对体育感兴趣，你或许会表现得更外向、更活跃；如果你男朋友的母亲喜欢评判别人，那么当你和她在一起时，你可能变得异乎寻常地内向。"性格"（personality）这个词来源于拉丁语的 persona，而这个拉丁语单词的意思是"面具"。心理学家研究这些短期的性格变化已经有一些年头了，他们已经发现了一些似乎相当普遍的变化模式。

在一项研究中，研究人员让数百名参与者分别给自己在同父母、朋友和同事相处时的性格特质打分。[15] 可想而知，他们认为自己和朋友在一起时最外向，和同事在一起时最认真，和父母在一起时最神经质（即情绪最不稳定，最需要精神支持）。在不同的社交环境中，外向性最容易发生变化，而尽责性这一性格特质表现出的变化最少。

在另一项研究中，研究人员对 8 名参与者进行了深度访谈，询问他们在与父母、朋友或同事交往时伪装自己的经历，受访者描述了伪装自己是多么累人。[16] 比如，35 岁的对冲基金经理玛丽谈到了在工作中树立认真负责的形象是多么辛苦："我并不想这样做，但这就像在跑步机上跑步，一旦跑起来，你就不能忽然停下脚步，否则你会摔倒。"一位名叫特鲁迪的参与者说当她和家人在一起时，她的性格几乎会退化："我的整个性格会变回从前的样子，有点儿缺乏安全感，很害羞，总在等着被骂……我有时也会或多或少地表现得外向一点儿，但总会被他们压抑下去,是的,这只会让我变得更孤僻。"研究人员从这些访谈中得出的主要结论是,尽管有时与朋友在一起也会很累,尤其是当你没有心情社交或放松的时候,但相较于同父母或同事相处,一个人在同朋友相处时更容易表现出自己真实的一面。

研究人员能否准确地界定别人对我们的性格产生的影响呢?我认为这比较困难。有时,别人对自己性格的影响是有益的,我祖母对我的影响就是如此,我大学时期结交的一些朋友对我的影响也是如此。我的社交生活在大学里有一个良好的开端,因为我在大一时结交了一个酷爱参加派对的朋友,他激发了我外向的一面。事实上,总体而言,我一直喜欢同让我变得外向的人相处,而同那些会激发我的自我意识的人相处则会令我感到不舒服。

可以说,好朋友的一个重要特征是,他(她)会帮助你变成自己期待的样子,或者至少让你感觉自己像这个样子。

你是"社交变色龙"吗?

对一些人而言,身边的人对性格的短期影响可能比较大。20世纪70年代末,心理学家马克·斯奈德(Mark Snyder)提出可以把人分成两类:一些人表现得像变色龙,具备强烈的社交动机,竭力给别人留下好印象,并且善于调整自己的行为方式,以适应当前的情境,他将这部分人称为"高自我监控者";而另一些人无论同谁在一起,无论周遭正在发生什么,都较为注重展现自己真实的一面,他将这部分人称为"低自我监控者"。

斯奈德说,当自我监控意识强的人置身于某种特定情境时,他们会问自己一个问题:"这种情境对我有什么要求?"此外,这类人还很善于从社交线索中寻找答案。相比之下,自我监控意识弱的人会问自己这样一个问题:"在这种情境下,我怎样才能做自己?"他们会将注意力转向自己的内心以寻求答案。因此,自我监控意识强的人会被同事认为更友好、更容易相处就不足为奇了,而且这有助于他们获得成功。斯奈德在接受心理学媒体《心理剖析》(*The Cut*)采访时说:"一种生活建立在理想的图景之上,旨在实现某个特定目标;另一种生活忠于内心,意在展现真实的自我。两者之间存在很大区别。"[17]

性格差异也体现在对待很多事情的态度上。一个自我监控意识强的人会在富有争议的话题上改变自己的偏好和观点,以适应自己所处群体的主流心态,而自我监控意识弱的人会为坚持自我立场和展现真实自我而自豪。自我监控意识强的人往往也会拥有更多朋友,但他们大都属于泛泛之交,他们更喜欢同最契合情境要求的人在一起,比如,他们更愿意和一个酷爱足球的新朋友去看球,而不是和一个不怎么喜欢足球的老朋友一起去看球。自我监控意识弱的人则相反:他们的朋友数量较少,但友谊深厚,更喜欢同自己最喜欢的人相处,而不管那个人是否契合当时的情境。

自我监控的概念甚至适用于约会的情境。在浏览潜在伴侣的个人介绍时,自我监控意识强的人认为自己肯定能适应约会对象的性格,所以不太在意对方性格如何,于是更加关注对方的外貌。相比之下,自我监控意识弱的人认为自己不会伪装,融洽的关系对他们而言非常重要，从而更加在意潜在伴侣对自己的性格描述。

或许你已经知道自己属于哪一类了，但为了获得更准确的认知，我专门设计了一个简短的测试，这个测试改编自由斯奈德及其同事史蒂文·甘杰斯特设计的一个测试：[18]

1.在聚会上，我会说一些我觉得别人喜欢听的话	是/否
2.如果我要为某件事辩护，我必须先相信自己所说的话	是/否
3.我在学校擅长戏剧表演，将来会成为一名好演员	是/否
4.如果换一家公司，我可以表现得像变了个人	是/否
5.我不太会讨好别人	是/否
6.如果有助于取得进步或取悦自己喜欢的人，我很乐意改变自己的观点	是/否
7.我很难为了迎合不同的社交场合而伪装自己	是/否
8.我有社交焦虑，不擅长结交新朋友	是/否
9.别人不会知道我其实并不喜欢他，因为我擅长隐藏自己的感情	是/否
10.我很难一边直视着别人的眼睛一边撒谎	是/否

你究竟有多像一个"社交变色龙"？先数一下你对第1、3、4、6、9项回答"是"的次数，然后数一下你对第2、5、7、8、10项回答"是"的次数。如果前者高于后者，你就可能戴上了社交面具（也就是说你是一个自我监控意识强的人）。反之，如果后者高于前者，那么无论你和谁在一起，你都更倾向于做你自己（这说明你是一个自我

监控意识弱的人)。

你或许会发现,通过这种二元化的视角去看待别人能够带来诸多好处,甚至有助于你理解朋友之间或亲戚之间的矛盾。自我监控意识强的人与自我监控意识弱的人往往相互贬低,前者认为后者死板而笨拙,后者认为前者是善于伪装的骗子。

我觉得这为我们思考人与世界的关系提供了一种有趣的方式。但我应该指出,从科学的角度来看,"自我监控"这个概念存在一些问题。一些专家说,自我监控实际上是外向性的一种表现,也就是说,自我监控意识强的人外向性也很强,他们更善于迎合不同的群体,并在朋友面前戴上快乐的面具。这种说法符合我在前文解释过的行为稳定性和适应性之间的区别,外向者具有很强的适应能力,但我认为自我监控的概念并不适用于他们,因为他们不会在不同社交场合刻意戴上面具。

此外,如果你像我一样有社交焦虑倾向,那么你可能会发现自己既算不上高自我监控者,也算不上低自我监控者,而是觉得自己正好介于两者之间。为了给别人留下好印象,我当然会感受到压力(我甚至在和Siri语音助手对话的时候都会表现出焦虑)。但我希望自己不这么焦虑,我总是责备自己太过努力地想要变得友善,而非变得更加开放和诚实。这是否令我不情不愿地提高了自我监控意识呢?或许不是,因为自我监控意识强的人应该非常擅长扮演不同的社会角色,不会因为社交挑战而感到压力。考虑到"自我监控"这个概念存在的这些问题,我建议你以一种开放的态度去看待自己在自我监控方面的得分,不要把它看得太严肃。

你是一个喜怒无常的人吗？

我曾经同一些不怎么熟悉的20多岁的年轻人参加了一个小型家庭聚会。次日，我宿醉严重，努力地想让大家都注意不到我。忽然，坐我对面的人以一种不以为然的口吻说："啊，你是那种不怎么说话的人，对吗？"他这么一问，我立刻从恍惚中惊醒。

这个粗鲁的家伙似乎迅速对我的性格做出了判断，从他的语气来看，他不太喜欢他眼中的我。我不得不承认，他的话刺痛了我。好吧，也许我是一个内向的人，至少那时的我是内向的，但我不应该为此道歉。我最讨厌的一点是，我的行为方式仅仅体现了我当时的情绪，因为我在聚会第二天宿醉严重，酒精在我的脑袋里不断翻腾，我当时的情绪犹如笼罩在乌云之中，于是我表现得很安静、很内向。他应该在前一天晚上看到了我在舞池里翩翩起舞的样子，但他竟依然错误地认为聚会第二天的行为揭示了我内在的真实性格！

我们通常认为别人在某个特定时刻的行为是其内在性格的体现，认为那种性格是根深蒂固的，却忽略了具体的环境因素，以及他们当时的情绪。相反，当涉及我们自己的行为时，我们往往更能意识到情绪和心境造成的影响。波兰籍模特娜塔莉亚·西科尔斯卡（Natalia Sikorska）就是如此。2017年，她在伦敦哈洛德百货试图行窃时被抓，她在法庭上表示，从美国度假回来后，文化冲击和压力导致她的表现与平时截然不同，行窃并不能代表真实的她。最终，法庭采信其辩词，免除其牢狱之灾。[19] 可怜的娜塔莉亚，这种体验该有多么痛苦啊！

说句公允的话，对于宿醉的我以及模特娜塔莉亚而言，情绪确实对我们当时的性格产生了很大影响。在最近的一项研究中，心理学家让数百名学生连续两周，每天数次完成通过电子邮件发送的简短性格测试，以报告他们的积极情绪和消极情绪水平，以及当时正在做的事，比如是在学习，还是在做一些更有趣的事情。[20]

学生的性格测试得分在不同时间点有不同程度的变化，至关重要的一点是，这在很大程度上与他们当时的情绪状态有关。当感到快乐时，他们在外向性和开放性方面的得分往往较高；反之，当他们感到不那么快乐、比较悲伤或沮丧时，他们在神经质上的得分较高，在亲和性上的得分较低。奇怪的是，尽责性在很大程度上与情绪无关，但这可能是因为对不同的学生而言，情绪与尽责性之间的相关性是相反的，所以从整体来看，情绪对尽责性的影响就被抵消了。

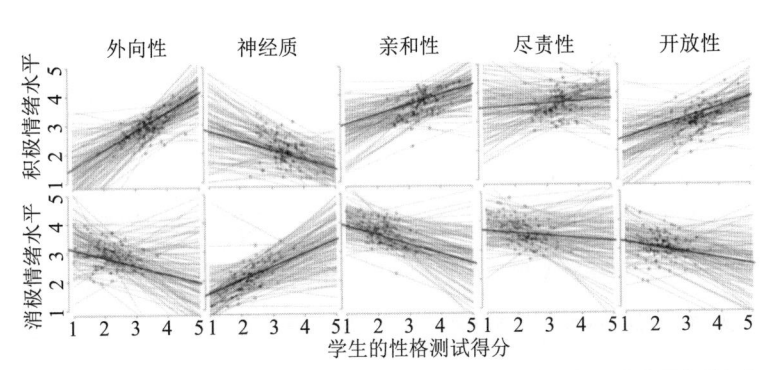

人们在某一时刻的性格（评分范围为 1~5 分，得分越高则该性格特质越强）会因情绪而异（第一行：积极情绪；第二行：消极情绪。每条线代表一个志愿者）

来源：Reproduced from Robert E. Wilson, Renee J. Thompson, and Simine Vazire, "Are Fluctuations in Personality States More Than Fluctuations in Affect?" *Journal of Research in Personality* 69 (2017): 110 - 123.

就我自己而言，我知道，在情绪低落时，我的尽责性会瞬间下降，更有可能转而去浏览视频网站，而非埋头写作。但我可以想象得到，有些人在厌倦、沮丧时，可能变得更加专注，因为他们或许会利用工作或家务去分散注意力。

在学习期间，学生们的性格也会发生变化，变得不那么外向，不那么随和，不那么开放，且更神经质（这种情况下，你能责怪他们吗？），同时也更有责任感。但重要的是，学习对学生情绪的影响几乎完全可以解释他们的性格暂时改变的原因。

情绪对性格的影响不禁令我产生这样一个想法：同伴之所以能够对我们的性格产生影响，是否在很大程度上是因为不同的人能够带给我们不同的感受呢？事实上，心理学家最近提出了一个名为"情感存在"（affective presence）的概念，认为我们每个人都在持续影响周围人的情绪，这就好像在其身上留下了情绪印记。一项针对数百名彼此熟悉的商科学生的研究发现，受欢迎的人往往能够提振周围人的情绪，而另一些人（尤其是那些亲和性低，却出乎意料地非常外向的人）往往会令其他人感到更厌烦。[21]

你刚刚看的电影、听的歌曲或者读的书也会对你的性格产生影响，让你感到喜怒无常。在另一项研究中，研究人员让一部分志愿者观看了《费城故事》这部电影中一段令人悲伤的片段，配有忧郁、煽情的古典音乐《弦乐柔板》，并让他们在观看之前和之后分别填写了一份性格调查问卷。还有一部分志愿者则观看了柏林墙倒塌后家庭团聚的欢乐视频片段，并配有令人振奋的莫扎特的《第13号小夜曲》，在观看视频之前及之后，他们同样填写了性格调查问卷。[22]结果表明，在观看了悲伤的视频后，志愿者的外向性降低，神经质增强，而在观看了欢乐的视频后，他们的外向性略有增强。

虽然生活中有很多事情是我们无法控制的，但我们可以选择听什么音乐、看什么电视节目（尽管你可能要和伴侣抢遥控器），而且我们通常可以决定自己同什么样的人相处。我们要更多地关注这些因素对自己的情绪和行为的短期影响，这是我接下来要讲的一个简单却强大的心理策略的组成部分。

情境选择策略

你身在何处、在做何事以及同何人相处都会影响你当下的性格。随着时间的推移，这些影响会逐渐叠加起来，最终决定你会成为什么样的人，但你不必被动地接受这一切。诗人玛雅·安吉罗曾经说过："挺直腰杆，认清自己，你就能克服你所处的环境。"[23] 事实上，因为我们可以聪明地选择如何度过自己的时间，可以改变自己所处的环境，使之有利于我们，而不是不利于我们，因此，从这个角度看，她说的话当然是正确的。比如，如果你想培养更开放、更友善、更温和的性格，一个重要的方法就是努力让自己置身于能够改善心情的环境中。这听起来可能很容易，但实际上并非如此。你可以认真地反思一下，在你所做的时间规划中，有多少是有策略性的呢？

以下周末为例，你有什么计划呢？你真的考虑过你计划做的事情将给你带来什么感受吗？你的时间表很可能更多地出于习惯或便利性。你或许必须履行一些职责，但对于生活在自由社会中的人而言，无论收入如何，你完全可以更有意识地考虑自己计划做什么，并考虑所做之事将给自己带来什么感受，以及从长远来看将如何塑造自己。与其咬紧牙关忍受更多的无聊感，甚至焦虑情绪，不如努力提前规划自己的时间，从而让自己的生活充满更多阳光和欢乐。

英国谢菲尔德大学的心理学家最近试验了"情境选择策略"。[24] 他们在周末到来之前为一部分志愿者提供了情境选择策略指导，让他们在规划如何度过周末之前将下面这句话思考三遍，然后将其付诸实践："如果要我决定这个周末做什么，那么我要选择令我感觉良好的活动，避免做让我感觉不好的事情！"周一，所有志愿者列出了他们周末所做之事以及自己的情绪状态。一个关键的发现是，那些接受了指导的人在周末体验到了更多积极情绪，其中神经质水平较高的志愿者更是如此，他们说自己通常很难控制自己的情绪，而情境选择策略则有助于自己控制情绪。如果你想降低自己性格中的神经质水平，这可能是一个特别有效的方法。

然而，要将情境选择策略付诸实践，并非总是一帆风顺。在落实这种更有策略性的生活方式及性格发展方式的过程中，主要障碍是我们不擅长预测不同情境会给我们带来怎样的感受。心理学家称这种技能为"情感预测"（affective forecasting），他们发现我们倾向于高估某些罕见的、戏剧性事件对情绪的影响。比如，我们觉得中彩票一定会让自己一直兴高采烈，或者考试不及格会让自己崩溃，但事实上，我们会很快适应这些孤立事件，情绪也会很快恢复到往常的基准水平。

与此同时，我们往往低估了重复的、微小的、平凡的经历的叠加效应。我指的是简单的、日常的事情，比如上班路线。试想一下，如果你步行穿过公园去上班，虽然可能花更多时间，却会让你的心情每天都变得好一点儿。研究表明，只要坚持每天锻炼10分钟，就有助于增强我们的幸福感。[25]

再想一下，你经常与哪位同事一起吃午饭呢？与自己认识多年的人聊天当然会更轻松，但如果对方性格暴躁，或者喜欢向别人传递负面情绪，那么与他聊天很可能导致你备感沮丧。

你还可以想想你在晚上看电视的时间。作为一个拥有无数影片光盘的资深发烧友，我当然知道拿起遥控器有多么诱人。但是，看一部关于毒贩或连环杀手的电影并不会对你的心情有多少益处，也不会帮助你找到生活的意义。[26]

你甚至可以把何时睡觉当作情境选择策略的一部分。充足的睡眠是改善情绪的最可靠的方法之一。最近的一项针对20000多人的研究发现，如果你的睡眠时间比最佳睡眠时间（7~9个小时）少一个小时，那么你产生绝望、紧张等负面情绪的风险就会提高60%~80%。[27]尽管如此，许多人依然愿意为熬夜看《权力的游戏》或在社交媒体上聊天，而一次又一次地推迟就寝时间。心理学家将这一当代"流行病"称为"就寝拖延症"。[28]你不妨给自己制定一些简单的基本规则，比如不在卧室里放置电子设备，这有助于你改正这个坏习惯。

有些人在实践情境选择策略时会更加得心应手，尤其是那些亲和性较强的人，他们往往对如何安排时间具有敏锐的直觉，经常使自己置身于愉悦的情境之中，从而变得更加热情、乐观，并能规避冲突。虽然很多人缺乏这种直觉，但付出更多努力之后，他们仍然可以学到很多践行这一策略的经验,从而选择有利于自己的情绪和性格发展的情境。

对此,我有一个简单易行的经验:无论是什么活动,无论对方是谁,只要你在参与这个活动或与此人相处时表现得更加外向、友好,那么你就可以把更多的时间投入这些人或事。一项有趣的研究对100多名大学生进行了为期两周的研究,让他们每天晚上都写日记,记录自己当天的行为和情绪。研究发现,当他们的亲和性及尽责性提升时,他们就会感到更快乐。[29] 无论他们平时的性格是内向还是外向,这一发现都适用。这或许是因为,这类行为方式有助于满足人类的基本心理需求,即令人感觉自己与他人联结在一起,并且感觉自己有能力掌控自己的生活。

饥饿与饮酒对性格的影响

在这一章中,还有一个问题尚未探讨。很多时候,我们的行为和情绪不仅受到身边之人及所做之事的影响,还受到饮食及物质使用的影响。有些物质能够影响大脑功能,从而使得性格在短期内发生变化,改变我们的思维和行为,这几乎是一个不言自明的事实。但这些影响究竟是什么?这些影响是否会因我们的一般性格类型而改变?

一个最常见的例子就是饥饿(或者说低血糖)。饥饿以类似于战斗-逃跑反应的方式影响我们的大脑功能。一方面,它能增加我们的冒险倾向,即暂时提高我们的外向性,降低我们的尽责性;另一方面，它会导致我们失去耐心和宽容心，即降低我们的亲和性。有些人将饥饿带来的这些性格变化称为"饿怒症"（hanger）。

关于这一点有很多例证，其中，我最喜欢这样一个研究：研究对象是异性恋夫妇，如果其中一方对伴侣生气，那么研究人员就让这一方在晚上睡觉前，把针插在代表着伴侣的巫毒娃娃身上，他/她对伴侣越生气，往娃娃身上插的针就越多。[30] 研究人员还监测了参与者的血糖水平，发现在血糖水平较低的晚上，参与者在娃娃身上扎的针往往比较多。因此，如果你打算节食或不吃早餐，你应该牢牢记住饥饿对情绪和性格的短期影响。

酒精也生动地说明了物质使用能够短暂地影响人的性格。从根本上讲，酒精会影响我们的神经系统，这意味着我们会变得不受控制，更加冲动，性格的外向性增强，尽责性降低。你可能也有过这种经历，这一模式已经得到了科学证实。一项研究让人们分别在清醒及喝醉的时候给自己的性格打分，[31] 并让他们的朋友也给他们在这两种状态下的性格打分。[32] 还有一些研究则将人们在轻度醉酒状态下的表现拍摄下来，之后让陌生人对醉酒者的性格进行评价。[33]

这些研究总体上证实了一个已知的事实：醉酒通常会增强我们的外向性，却会降低我们的亲和性、开放性、尽责性及神经质水平（换言之，在醉酒状态下，人们的情绪稳定性反而增强）。但上述两种研究结果的一个细微差别在于，陌生人观察者发现醉酒只会增加外向性，尤其明显的是提高了社交、自信和活动水平，并稍微降低了神经质水平，但他们并未发现其他方面的性格变化，比如没有发现开放性在喝醉后发生变化，或许这是因为开放性更多地取决于个人的思想和情感。

大多数关于酒精影响的研究只是统计了适量酒精对性格影响的平均水平,但是每个人对酒精的反应并不完全相同。心理学家研究了人们在酒精的作用下的性格变化,他们发现了四种主要的醉酒性格类型,并给它们取了一些有趣的代称。[34] 看看你能不能发现自己属于哪一类。

○ 海明威型醉酒(不为所动型):喝醉的时候,你的性格变化没有别人那么大,你依然能够保持理智和开放性。
○ 仙女保姆型醉酒(温和友爱型):你喝醉的时候很有魅力,清醒状态下的随和性完全不受醉酒影响。(这一类人是最罕见的。)
○ 肥佬教授型醉酒(酒后变身型):你清醒的时候属于内向者,喝醉的时候则变成了外向者,且尽责性更低。(虽然我不想承认,但我就属于这类人。)
○ 海德先生型醉酒(混乱暴躁型):当你喝醉时,你会让周围的人不愉快,在随和性和尽责性方面表现出明显的下降,所以你喝醉后更愿意冒险,而且更有可能冒犯别人。(在这项研究中,属于这一类的女性比男性更多。)

在你骄傲地给自己贴上"海明威型醉酒"或"仙女保姆型醉酒"的标签之前,或许有必要看看朋友是如何给你分类的。我敢打赌,许多人都不确定自己喝醉后的性格是什么样的。事实上,一项针对数百名英国本科生的调查也得出了同样的结论。研究人员发现,与其他人相比,学生更倾向于觉得自己在喝醉时的行为方式与清醒时无甚差别,会将自己描述成一个"优秀的酒鬼"。这些学生对自己的一个典型评论是:"在我喝酒的时候,我变得很开心,也会变得更有趣,我不像其他人那样一喝醉就无法控制自己。"[35]

了解了酒精对性格的影响,如果你属于肥佬教授型醉酒者,而且希望让自己暂时变得更外向,你自然会面临一个问题:使用酒精去有意识地改变性格是否明智?当然,你必须权衡暂时的好处同滥用酒精在医学和社会层面上的不良影响(包括增加罹患癌症和婚姻破裂的风险)。还需要注意的是,在对性格的影响方面,一项关于长期饮酒的影响的研究也发现,饮酒虽然能提高外向性,但也可能引发一系列不受欢迎的变化,比如降低亲和性和尽责性,增强神经质。[36]

酒精依赖不利于健康,但即便把这一严重的问题放到一边,你在考虑借助酒精实现短期性格变化(比如提高自己的外向性,降低神经质和焦虑水平)时,你也需要考虑其他事情:酒精的影响与你的具体状况有关。以情绪为例,我们通常认为适量饮酒可以改善情绪,但许多严谨的研究证明,醉酒的影响其实更加具体且有局限性,比如,在醉酒状态下,我们更关注当下,更有专注力,较少受到情绪惯性或近期经历的影响。

如果你正处于一个快乐的环境,做着你喜欢的事情,和你喜欢的人在一起,那么这是一个好消息,因为喝酒可能会让你更快乐。在社交场合,喝酒显然能让积极情绪更容易从一个人传递给另一个人。但如果你现在情绪低落、痛苦不堪,或者在独自面对自己的忧虑,那么请注意,饮酒可能会让你感觉更糟。

在利用酒精的镇静作用时,也需要考虑类似的细微差别。没错,酒精似乎特别有利于帮助我们减轻对不确定性的担忧，因此它有时能够有效地缓解社交焦虑。但当你知道某个特定的威胁即将到来时，比如你即将做一场工作报告，或发表一次伴郎演讲，那么酒精在缓解这类焦虑方面并没有那么奏效。同样值得注意的是，在演讲前喝一两杯酒固然能缓解紧张情绪，但也可能会影响你的表现，因为酒精会对你的思维能力产生不利影响。[37]虽然在学习外语时喝一两杯酒明显有助于提高你讲外语的流利程度，但这可能是因为酒精削弱了你的自我意识。[38]

酒精对性格的短期影响也可能取决于你通常的性格类型。一项研究拍摄了陌生人通过喝酒来认识彼此的过程，研究发现，外向者更有可能感到喝酒能让心情变得更好，而且能让自己觉得与他人的关系更亲密。这也许是因为外向者的心情本来就很愉悦，酒精只是进一步提振了他们的情绪。酒精对内向者和外向者的影响的差异可以解释为什么外向者更容易酗酒：他们觉得喝完酒更愉快，所以饮酒对他们的诱惑更大。

咖啡因对性格的影响

当你听到咖啡因是世界上使用最广泛的精神兴奋剂时，你应该不会感到惊讶。精神兴奋剂也属于药物，还包括可卡因和苯丙胺等非法物质。这类物质会增加大脑及神经系统的活动。在美国，80%~90%的成年人经常摄入咖啡因，我们平时摄入的咖啡因大多来自咖啡，但也来自茶、功能饮料和巧克力。经常喝咖啡的人，比如作家和学生，都很熟悉咖啡对思维的影响，尤其明显的是咖啡能提高警觉性和专注力。

因此，咖啡因至少会暂时性地影响性格。

大脑中的腺苷通过减缓呼吸和降低血压起到镇静作用，而咖啡因能够迅速阻断腺苷的作用过程，从而对脑神经发挥刺激作用，让我们兴奋起来。大量文献表明，适量的咖啡，比如每次一到两杯，确实能提高思维能力，尤其是所谓的低级心理机能，比如缩短我们面对紧急事件时的反应时间以及让我们长时间集中注意力。[39] 对那些容易产生疲劳感的人而言，比如经常熬夜的学生或经常通宵值班的保安，咖啡的这一效果就更明显了。

那么，这对短期性格改变意味着什么呢？显然，咖啡因对精神和身体的刺激作用很可能暂时提升我们的尽责性。如果你正对着电脑屏幕上的电子表格昏昏欲睡，或者懒得去健身房，那么咖啡或含咖啡因的能量饮料应该能助你一臂之力，有效地令你暂时表现得像一个尽责性和外向性较高的人（外向者的能量和活动水平通常更高）。

但关于咖啡因的影响不全是好消息，因为这种影响取决于剂量。或许你自己也发现了，如果咖啡喝得太多，你就会感到紧张和焦虑。一些早期研究表明，喜欢寻求刺激的外向者比内向者更有可能享受到喝咖啡的好处，因为他们的基础焦虑水平较低，所以他们因摄入咖啡而过度焦虑的风险较小。[40] 如果这个发现是真的，它就能解释为什么喜欢追求新奇感的人比追求宁静的内向者喝的咖啡更多。[41] 但在后来的一些研究中，虽然从受试者的主观体验来看，咖啡因似乎对性格产生了一些影响，但从受试者的行为变化这一客观因素来看，却没有发现咖啡因与性格存在某种固定的相互作用模式。[42] 比如，一项研究发现，外向者表示咖啡能让自己更有活力，而在神经质方面得分较高的人则表示咖啡让自己更焦虑。[43]

事实上，如果你高度神经质，容易焦虑，那么你可能就需要格外小心，不要喝太多咖啡。医学上甚至有一种被正式认定的精神疾病——"咖啡因焦虑症"（caffeine-induced anxiety disorder）。如果你平时是一个很放松的人，那么喝太多咖啡不大可能让你变得紧张；但如果你平时就容易焦虑，那么有证据表明，你可能对咖啡因的生理和心理影响更敏感，它会给你带来持续的极度紧张感，甚至造成恐慌发作。[44]

如同传统的浓缩咖啡一样，红牛、怪兽等流行的功能饮料也可能诱发焦虑，而且功能饮料的咖啡因含量甚至超过了浓缩咖啡，含糖量也很高。美国和英国已经有人呼吁禁止向儿童和青少年销售功能饮料。[45]

2018年初，英国一名年轻男子自杀，父母将其归咎于过量（每天15罐）饮用功能饮料，这件事导致英国人对功能饮料的担忧达到了巅峰。[46]这种说法并不奇怪，有些研究已经发现功能饮料与精神障碍患者的病情复发存在联系，这些人通常在神经质方面得分较高，病情反复的部分原因在于咖啡因会诱发焦虑，而且在化学层面上，咖啡因也会干扰治疗精神障碍的药物的效果。[47]另一个令人担忧的问题是，现在流行在饮用酒精的同时饮用功能饮料，这种做法可能会导致人们低估自己的醉酒程度——功能饮料有助于延长人们清醒的时间，从而使其更容易酗酒。

另一个需要注意的问题是，如同大多数迷幻药一样，在体内的咖啡因含量越来越少时，你会产生脱瘾症状，包括头疼和情绪低落。[48]因此，当咖啡因带来的益处逐渐消失之后，它反倒可能暂时提高你的神经质水平。

大麻和致幻剂对性格的影响

在一些咖啡馆，菜品中含有的"毒品"并非只有咖啡因这一种。我还记得当年我同当时的未婚妻前往荷兰阿姆斯特丹的情景，此行的目的是完成她的本科毕业论文。你肯定能猜到，我们一到那里，就迫不及待地去了当地的咖啡馆，品尝当地美食——"太空蛋糕"和"太空茶"，这种蛋糕和茶在制作过程中使用了大麻。

全世界有数亿人使用大麻。与咖啡因或酒精相比，大麻对人体的影响迥然不同，因为它的成分和效果比较复杂，甚至有些神秘。大麻中主要的精神活性物质是四氢大麻酚和大麻二酚，它们能够对人类大脑和其他身体部位的大麻素受体产生不同的影响。然而，一片典型的大麻叶中含有100多种其他相关的化学物质，每一种物质都会对人类的精神和身体产生独特的影响，对此医学界仍在探索。这种化学成分的复杂性和多样性解释了为什么人们对大麻效果的主观描述存在很大差异。

根据心理学实验室的测量结果，大麻对人类精神的影响与咖啡因形成了鲜明对比，因为大麻会损害人们的记忆力，并削弱人们保持和转移注意力的能力。[49] 从长期影响来看，一些专家认为大麻会引起一种名为"缺乏动机综合征"的精神疾病，表现为情感淡漠，缺乏动机，不愿做太多事情，这与人们对瘾君子的刻板印象是一致的。[50] 最近的一项针对数百名大学生的研究发现，吸食大麻者往往表现出较少的主动性和毅力。从性格特质的角度来看，你可以把这些研究结果解读为，如果经常吸食大麻，大麻不仅会短暂地降低你的尽责性，而且会对其造成长期影响。

如果同时使用大麻和其他药物或有毒物质，风险当然会成倍增加。在摇滚界，这类生活方式非常普遍，你能找到无数关于吸毒对性格产生负面影响的逸事证据，这一点并不令人惊讶。比如，滚石乐队的查理·沃茨多年来一直有酗酒、吸食大麻、吸食海洛因等嗜好。他告诉《纽约时报》，吸毒对自己的亲友而言无异于一场噩梦，他的性格也完全被毒品改变了。[51]

关于大麻对焦虑的影响，一些动辄情绪紧张的人信誓旦旦地说大麻有助于他们缓解焦虑，但也有证据表明大麻会引发焦虑问题。[52]之所以出现效果不一的现象，部分原因在于大麻的化学成分非常复杂，大麻来源影响着不同成分的含量及效果。（值得注意的是，根据美国缉毒局的数据，最近数十年内，基于消遣目的而使用大麻的行为迅速增加。）[53]大麻产生的效果还取决于吸食者的性格（具体情况尚未得到彻底研究）、期望、吸食频率，以及吸食时间的长短。

心理学家苏珊·斯托纳（Susan Stoner）最近为华盛顿大学撰写了一份关于大麻对心理健康的影响的报告，她在接受 Vice 杂志访谈时做了一个很好的总结："就焦虑而言，如果说某种毒品或产品可能对一个人产生什么影响，那么这几乎可以说是一种纯粹的臆测。"[54]一些人建议道，如果你想让大麻发挥镇静作用，那么应该尝试使用大麻二酚含量多、四氢大麻酚含量少的大麻。但根据目前的研究结果，如果你试图用大麻来克服神经质等性格问题，那么无论是短期使用还是长期使用，都无异于一种冒险之举。

另一类可以对性格产生强烈影响的药物是致幻剂，包括麦角酸二乙基酰胺（LSD）、裸盖菇素（存在于"致幻蘑菇"中）、氯胺酮

（K粉）和亚甲二氧甲基苯丙胺（摇头丸）。

致幻剂可以扭曲意识，引发幻觉。从神经层面来讲，致幻剂提高了大脑的熵值，这意味着大脑不同区域的活动的同步性有所降低，而不可预测性却有所增强。很多人认为，这类变化有助于人们学习新事物，打破旧的思维习惯，削弱大脑内部与自我反省及自我意识有关的所谓"默认模式网络"的活动，最终导致自我意识的崩溃，使人感到自我与外部世界之间产生了某种一体感。曾经有吸食致幻剂的人如此描述自己的首次吸食体验："我觉得自己就像沙滩上的一粒沙子，既微不足道，又以自己渺小的方式发挥着不可或缺的作用。"[55]

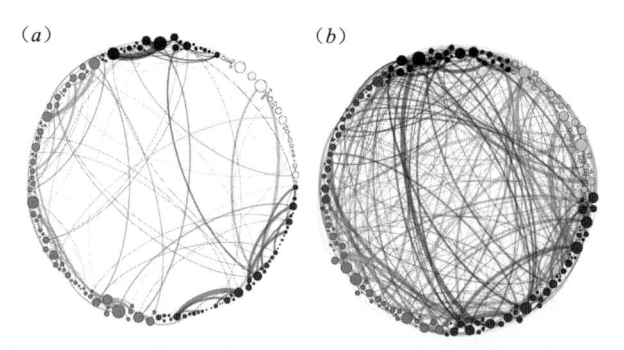

这是2014年一项研究结果的简化图像，显示了正常大脑（a）和裸盖菇素影响下的大脑（b）的神经连接情况。在正常情况下，一些大脑区域之间通常没有连接，但在裸盖菇素的影响下，这些区域之间却产生了更多的连接。一些人认为，致幻剂给大脑神经带来的这种变化会引发深刻的性格变化，包括思想的开放性更强和自我意识的瓦解

来源：Reproduced from Giovanni Petri, Paul Expert, Federico Turkheimer, Robin Carhart-Harris, David Nutt, Peter J. Hellyer, and Francesco Vaccarino, "Homological Scaffolds of Brain Functional Networks," *Journal of the Royal Society Interface* 11, no. 101 (2014): ID 20140873.

请记住，在大多数地方，致幻剂都是非法的。此外，在各种科学

研究中，致幻剂的用量都得到了严格的控制，但如果是为了娱乐，控制用量就困难得多。必须强调的是，麦角酸二乙基酰胺、摇头丸和裸盖菇素会引发各种危险，包括产生幻觉、脱水和焦虑。[56] 对于那些高度神经质的人来说，使用致幻剂非但不会带来好处，反而可能演变成一次糟糕之旅。[57] 在关于心理治疗和长期性格改变的研究中，志愿者并非简单地服用药物，他们还得到了训练有素的心理治疗师、咨询师的大力指导和支持。事实上，许多研究除了使用药物，还包含了冥想和精神训练。长期以来，这一领域的实践者一直强调建立正确的心态和环境的重要性，这样才能恰当地制造迷幻体验。因此，根据这类研究来看，如果认为服用致幻剂或相关药物是迅速增强性格开放性的一条捷径，那就大错特错了。

要培养更开放的性格，一个比较安全的方法或许是尝试在不用药物的情况下，营造出类似于致幻剂造成的迷幻效果。比如，练习冥想的人经常说自己经历了极乐或超脱的时刻，这些时刻永远地改变了他们与现实的关系。对其他人而言，可以从大自然中获取这种高峰体验，比如伫立山顶眺望风景——攀登山峰的过程会给你带来诸多挑战，并使你获得一些关于自己的新感悟，[58] 或者在潜水时欣赏热带鱼发出的荧光。这些源于大自然的体验或许足以改变你的一生，你不需要任何药物。

没有人是一座孤岛

本章教给我们的有二：第一，我们的性格并非于虚无之中凭空产生，而是由我们身边的人以及我们扮演的社会角色塑造的；第二，虽然我们的性格特质会在长期的行为和情绪倾向中显现出来，但它也会发生波动，尤其是在外部因素产生强烈影响的情况下，以及当我们摄入能够改变精神状态的药物时，我们的性格更容易发生波动。

情境和性格之间的动态关系解释了性格和情绪如何像传染病一样通过社交网络传播。一项研究发现，如果你的朋友很快乐，你也更有可能快乐（这是神经质水平较低和外向性水平较高的标志），甚至你朋友的朋友的情绪状态也会对你产生影响。[59] 同样，如果你供职的公司有一种粗俗的、令人不悦的公司文化，那么你的性格就可能被改变，变得暴躁和缺乏耐心。[60]

幸运的是，同样的规则也适用于积极的情绪和行为方式。比如，如果你坐在一个高度专注的同事旁边，那么这就有助于提高你的专注度。再比如，在一个工作场所中，当更多的人采取积极的行为方式去帮助别人，多一点担当，那么这不仅有利于施予者和接受者，而且在这种利他主义的行为方式的感染下，最初的接受者也将学着帮助别人。[61] 换句话说，如同粗俗的公司文化可以影响和塑造我们的性格一样，令人愉快的公司文化（比如注重塑造家庭氛围或团队氛围的公司文化）有助于你的性格朝着积极的方向发展。[62] 这些积极的动态变化也发生在夫妻之间，另一项研究发现，如果一方在办公室度过了愉悦的一天，那么下班回到家后，这种情绪会感染另一方，令对方感受到较多的愉悦和自尊。[63]

另一个需要考虑的因素是，影响我们情绪的许多人或情境都来自虚拟世界，而非现实世界。比如，如果你花半个小时在社交媒体上与不讲道理的人争论——这属于一种能够对你的情绪和性格产生强烈影响的情境，那么这就可能提高你的神经质水平，降低你的亲和性。但关于虚拟世界对情绪的影响，研究结果错综复杂，有的研究详细描述了社交媒体的好处，比如增强我们的归属感，而其他研究则得出了相反的结果。如果你花许多时间浏览那些令你心烦或嫉妒的人的社交动态，这可能会对你的心情和情绪产生有害影响，如果经常这样做，最终可能会对你的性格产生长期不利影响。

无论我们谈论的是现实情境还是虚拟情境，其影响都是一样的：你会发现，如果你能注意到社会和情境因素对情绪和行为的影响，尤其是外部压力因素可以逐渐累积并塑造你的性格，你就比较容易改变自己的性格，活成自己期待的样子。这听起来像是一个警告，但也传递了一个乐观的信息：通过策略性地思考自己的发展方向、要结交的人，以及要做的事，你会发现你可以在改变自我的过程中事半功倍。

改变性格的十个可行步骤

降低神经质水平

- 几乎每个人都会在某些时候感到焦虑,但人们对待这种情绪的方式不同。请尝试将焦虑视为激励你的朋友,而不是你要打败的敌人。把焦虑转化为动力,它就能为你效力。事实上,无论是在工作中还是在赛场上,要取得最佳表现,既离不开训练,也离不开焦虑的刺激。

- 当你被激怒或生气,感到怒火中烧时,不妨从第三者的角度出发,把自己想象成墙上的一只苍蝇。事实证明,以这种方式与情绪保持心理距离可以缓解愤怒情绪,帮助你避免发脾气。

增强外向性

- 下次置身于一个令你感到不舒服的社交场合时,你可以试着换个视角,将其视为一种能带来兴奋和刺激的场合,而不是一味压制这些身体感觉。这种技巧被称为"认知重评",有助于你享受聚会和其他社交活动。

- 外向性并不仅仅意味着健谈和善于交际,还意味着更加积极、活跃。想想能让你活跃起来并乐在其中的事情,下次你无聊时,可以出去参加一些这样的活动,比如骑行、侍弄花草或志愿者活动。

增强尽责性

- 养成一个习惯:每周写下你的短期目标和任务,思考一下它们同你的长期目标和生活价值观之间的联系。当你看到你今天付出的努力和未来将收获的回报之间的联系时,你的尽责性就会增强。
- 在面对一项艰巨的任务时,把自己想象成自己钦佩的角色,可以是一个真实的人,也可以是一个虚构角色,比如蝙蝠侠。一项研究发现,当孩子们扮演蝙蝠侠时,他们能够花更多时间去完成任务,这或许是因为这样一来他们更容易抵制干扰,并优先考虑长期目标。[64] 如果这种方式对孩子们有效,你为什么不试试呢?

增强亲和性

- 每周回想一下之前对你不好的人,明确告诉自己已经原谅了那个人,他(她)不再欠你什么。即使不考虑道德原因,宽恕别人的习惯也有助于提高你的精神健康和身心健康状况，并增强你采取友好的利他行为的倾向。

- 为避免给人留下不好的印象，研究人员指出了四种需要抵制的坏习惯：（1）不要说一些看似恭维、实则反讽的话，比如对一名女性说"你很壮"，不然会被视为你在贬低对方；（2）不要看似谦虚，实则吹嘘，比如"我在健身房里长了很多肌肉，我需要改一下衣服"，不然人们会认为你在自夸；（3）不要伪善，比如在坐飞机出去度假之前宣传环保；（4）不要骄傲自大，与其贬低别人，不如将自己现在的成功与自己过去的表现进行比较。

增强开放性

- 如果你有足够的资源，就去世界各地你不熟悉的地方看看吧。全新的景色、声音、气味等会增强你的开放性。
- 想想你大部分时间都和谁在一起。研究表明，当你感到威胁和不被尊重时，你更有可能对外界采取一种防御性姿态，顽固地坚持自己的信念，或假装知道一些自己实则不知道的事情。相反，当你感到被信任和尊重时，你自然会变得更加灵活和开放。

第五章　选择改变自己

刚读大一时，我一度为同学马特感到难过。当时，他一个朋友都没有，非常孤独。部分原因无疑是他的宿舍位于校园边缘，但我不得不承认，他的性格也是其中一个原因，因为他是一个非常内向且无聊的人。

我和他出去玩过几次，主要是因为他看起来既伤心又孤独。我永远不会忘记我们最后一次单独相处时的情景，他跟我分享了他的一个顿悟，他说他不是为了闷闷不乐才来读大学的，所以他做出了一个重要决定：他要改变自己，变得更善于交际。当时，我对此持怀疑态度，而且如同很多人一样，我当时也有一种感觉，那就是人是不会真正改变的。

但那是我最后一次看到马特独自一人。从那之后，他总是被一群朋友围着，或在校园酒吧打工。他看起来快乐且外向，经常和别人一起说说笑笑。他变了，至少表面看来是这样的。他的幸福来得并不令人惊讶：一般而言，外向者比内向者更幸福——内向的人常常低估他们从外向的行为中获得的快乐。[1]

马特的故事令人难以置信吗？不，事实上，一定程度的性格变化是正常的，完全在情理之中，不必感到惊讶。要记住，你的性格不仅受到诸多因素的直接影响，比如情绪和同伴，还受到一些重大事件的影响，比如婚姻和移民。此外，随着你年龄渐长，你的性格也会趋于成熟。

当然，正如我在马特的故事中看到的那样，被动的性格变化（就像一艘随波逐流的船一样）与主动的、有意识的性格变化之间仍然存在很大差异。这就提出了一些有趣的问题：既然性格具有可塑性，那么假如你下定决心通过某些方式改变自己会怎样呢？如果马特的故事不是孤例，那么你能否通过从事特定的活动或做出关键的抉择去重塑自己的性格，从而变得更外向、更冷静或更有责任感呢？

如果豹子真能把身上的斑点换成条纹，会发生什么呢？

改变的理由

讨论性格改变不仅仅是为了满足个人或科学家的好奇心。我们从第一章得知，越来越多的研究表明性格特质足以影响你的人生。外向者往往比内向者更快乐，却更容易出现酗酒和吸毒问题；高度神经质的人比普通人更容易遭遇心理健康问题和身体疾病。事实上，瑞士一项研究对同一组人进行了为期30多年的跟踪调查，发现那些外向性较低、神经质水平较高的人在研究过程中罹患抑郁症和焦虑症的可能性是普通人的6倍。[2]

与此同时，尽责性会影响你培养健康饮食、定期锻炼等良好生活方式的可能性。如果你尽责性比较强，那么你就更有可能在学业和工作方面取得好成绩。尽责性和开放性较强的性格有助于降低罹患阿尔茨海默病的风险。此外，研究表明，某些性格特质会增加不幸事件发生的风险，引发恶性循环，因为那些不幸事件很可能对你的性格产生不利影响。比如，我在第二章提到，在神经质方面得分较高、在亲和性方面得分较低的人更有可能离婚，而离婚反过来又会降低你的外向性，导致你变得更孤独。同样，如果你在尽责性上得分较低，那么与尽责性得分较高者相比，你失业的风险更大，而失业反过来可能会进一步降低你的尽责性。

表 5-1 主要性格特质同身体健康和幸福感的联系

	有益于心理健康的典型性格特质[1]	有益于幸福感的典型性格特质[2]	影响身体健康的性格特质
神经质	神经质水平较低，尤其是焦虑、易怒、抑郁、冲动和脆弱等水平较低	神经质水平较低，比如不孤僻、不易气馁、不易惊慌失措	高度神经质会增加肠道内不利于健康的细菌，增加患高血压的风险

---

[1] 基于137位性格研究专家的共识。Wiebke Bleidorn, Christopher J. Hopwood, Robert A. Ackerman, Edward A. Witt, Christian Kandler, Rainer Riemann, Douglas B. Samuel, and M. Brent Donnellan, "The healthy personality from a basic trait perspective," *Journal of Personality and Social Psychology* 118, no. 6 (2020): 1207.

[2] 幸福感指标包括心情愉悦、个人成长、自我悦纳、生活目标感、意义感，以及人际关系等。Jessie Sun, Scott Barry Kaufman, and Luke D. Smillie, "Unique associations between big five personality aspects and multiple dimensions of well-being," *Journal of Personality* 86, no. 2 (2018): 158–172.

续表

	有益于心理健康的典型性格特质	有益于幸福感的典型性格特质	影响身体健康的性格特质
外向性	外向性水平较高,尤其是热情、快乐、有其他积极情绪	外向性水平较高,比如充满热情、待人友好、温和	较高的外向性有利于维护肠道细菌多样性(这是更健康的标志),但也会导致对毒品、药品等上瘾的风险增加
开放性	开放性水平较高,乐于获得新体验,关注自己的感受	开放性水平较高,比如具有强烈的求知欲(包括善于深入思考和接受新思想)	性格的开放性越高,体内的慢性炎症标志物越少
亲和性	亲和性水平较高,尤其是为人诚实、坦率	亲和性水平较高,比如富有同情心、对别人有同理心、关心别人	亲和性较低的人患心血管疾病的风险较高
尽责性	尽责性强,觉得自己很有能力,拥有掌控感	尽责性强,比如高度勤奋、坚忍不拔、意志坚定、雄心勃勃	尽责性较强有利于降低体内的皮质醇水平(压力的生物标志物),减轻体内的慢性炎症,增加肠道中的益生菌

尤其令人吃惊的是,在很多情况下,性格特质对人们生活产生的影响,类似于甚至超过了许多人觉得重要的因素,比如家庭经济状况和智力水平。不仅如此,对于健康状况和寿命长短而言,性格特质产生的影响甚至超过了血压的影响。

我们从政治家那里听到了太多关于经济和公共卫生的规划和提

案，但很少有人讨论如何帮助人们培养有益的性格特质。有迹象表明，这种局面已经开始改变，比如越来越多的人呼吁学校教学生掌握一些性格管理技巧，但人们仍然很少意识到性格特质对生活的重要影响。

在深入探讨人们（包括成年人）是否真的能够通过有益的方式改变性格之前，我们先退一步去思考两个问题：想要改变性格是很自然的事吗？这是我们大多数人需要竭力说服自己去接受的事，还是大多数人已经渴望改变自己了？

想要改变性格是正常的吗？

首先，你想改变自己的性格吗？下面这个简短的性格测试能够揭示你是否想改变自己的性格，以及你想以什么方式改变。[3] 阅读下表中的描述，看看你是否渴望成为这种人，以及对自己的现状是否满意，然后根据自己的渴望度和满意度打分。

你对自己的性格特质有多满意？

		非常想（加2分）	想（加1分）	我对现状满意（加0分）	不想（减1分）	非常不想（减2分）
1	我想更健谈一些					
2	我想拥有更丰富的想象力					
3	我想成为一个宽容的人					
4	我想成为一个可靠的员工					

续表

		非常想 （加2分）	想 （加1分）	我对现状满意 （加0分）	不想 （减1分）	非常不想 （减2分）
5	我想成为一个镇定的人，能很好地处理压力					
6	我想成为一个充满活力的人					
7	我想要对他人充满信任					
8	我想成为做事高效的人					
9	我想更有创造力					
10	我希望自己情绪稳定，不轻易心烦意乱					
11	我想变得自信					
12	我想变得喜欢同别人合作					
13	我想成为一个能制订计划并坚持到底的人					
14	我想成为一个对许多事情充满好奇心的人					
15	我想成为一个在紧张形势下依然能保持冷静的人					

○ 把你给第1、6、11项的评分加起来。（记住，如果你选择"非常想"，加2分；选择"想"，加1分；选择"我对现状满意"，加0

分；选择"不想",减1分；选择"非常不想",减2分。)你的总分将介于-6到6分之间,总分越高,你就越想变得更具外向性。
- 把你给第2、9、14项的评分加起来,总分将介于-6到6分之间。总分越高,你就越想变得更具开放性。
- 把你给第3、7、12项的评分加起来,总分将介于-6到6分之间。总分越高,你就越想变得更具亲和性。
- 把你给第4、8、13项的评分加起来,总分将介于-6到6分之间。总分越高,你就越想变得更有尽责性。
- 把你给第5、10、15项的评分加起来,总分将介于-6到6分之间。总分越高,你就越想变得情绪更稳定(神经质水平更低)。

如果你对某一项性格特质的评分为0分,则表明你对自己这方面的现状相当满意。比较一下你在不同性格特质上获得的总分,你就会从整体上看出你对自己性格的满意度,以及你最想改变和最不想改变的性格特质。无论结果表明你渴望改变,还是对自己的现状感到满意,你或许都想知道自己满意(或不满)的状态是否正常。

我有充分的理由预测,大多数人会对自己的性格感到满意。长期以来的研究表明,从驾驶技术到我们的朋友数量,大多数人都认为自己比普通人要好。这一现象被称为"乌比冈湖效应"。"乌比冈湖"源自盖瑞森·凯勒(Garrison Keillor)的一档广播小说节目中一个虚构的小镇名称,那里的"女人都很强,男人都长得不错,小孩都在平均水平之上",就连囚犯也认为自己比普通人更诚实、更值得信任。[4] 既然你已经很出色了,为什么还要破坏完美呢?然而,这些人往往高估了自己。

事实上,如果测试结果表明你渴望改变,那么你要知道,有这种想法的人并非只有你自己。调查表明,很大一部分人确实有改变性格的想法。比如,伊利诺伊大学厄巴纳-香槟分校的心理学家对学生进行的一项调查发现,几乎所有学生(超过97%)都表示希望自己至少某些方面的性格有所改变。[5]

不仅美国学生如此,针对英国、伊朗和中国年青人的调查也得出了非常相似的结果。[6] 想要改变自我也不仅仅是年青人的愿望。人格测试网(www.personalityAssessor.com)收集了近7000名18~70岁的人的数据,发现即使在年龄最大的参与者中,也有78%的人希望自己能有所改变。[7] 改变性格特质的愿望似乎并非只存在于西方社会,也不只是年青人特有的观念,而是人类的普遍特征。

成功改变性格的三个基本原则

让我们来看看苏黎世大学的性格研究专家在实证基础上提出的成功改变性格的三个基本原则:[8]

○ 具有改变行为方式的意愿和意图;
○ 坚信性格具有可塑性;
○ 能够坚持不懈地改变行为,直到习惯成自然。

首先，你要有改变与性格相关的特定行为的意图。比如，试着对陌生人更友好，或者在工作中更健谈。你可以把这些改变作为目标，也可以通过这些改变实现更高的目标，比如推动你的事业发展，或者帮助社区中的贫困儿童。这种做法对你的基本要求是设定一个非常明确的目标，然后刻意改变自己的行为方式，不然你的性格将无法改变。

之所以要设定明确的目标，是因为"想改变性格"这个目标太模糊了。毕竟，诸如神经质、外向性这样的性格术语只是用来描述你长期内的一般性格与行为模式的。以节食和锻炼为例，如果你把目标设定为"我打算跑步"，那么这个目标就很模糊，而如果你的目标是"我打算每周二晚上去跑步"，则更有效。你的目标越明确，成功的可能性就越大。所以，如果你想变得更外向，那么你可以制定像这样的明确目标："我每天至少要和一位陌生人交谈一次""我每周至少要和同事下班后喝一次酒"。这类明确的目标比"我要变得更外向"这种模糊的目标更有可能让你取得成功。（在疫情期间，你可以考虑同一个朋友或一名同事出去散步，或利用视频会议软件参加非正式聚会。）

第二个基本原则是，为了实现性格的改变，你必须坚信自己有能力调整行为方式，以促进性格改变。[9]一句老生常谈的格言说："相信自己能做到，你就已经成功了一半。"这听起来有点儿苍白无力，但事实上，你要坚信自己的性格和能力具有可塑性。这一信念的重要性已经被多次证明，其中最著名的是心理学家卡罗尔·德韦克颇具影响力的著作。他证实，坚信性格和能力具有可塑性的人往往拥有一种"成长型思维模式"（growth mindset），倾向于更加努力地寻找和尝试解决方案，以应对生活中的障碍，而不是被动地屈从于现状。[10]

意志力的情况也类似。研究表明，相信自己有无限意志力的人往往能更快地从沉重的挑战中恢复过来。事实上，最近在印度进行的一项研究发现，完成一个沉重的脑力任务有助于提升人们坚持完成下一项任务的毅力，从而表明了思维模式和信念对塑造心理状态的重要性。[11] 对于性格的信念也是如此。德韦克对儿童进行的一项研究表明，如果让儿童了解到一个人的攻击性是可塑的（这涉及五大性格特质里的亲和性和尽责性），那么他们往往会学着降低自己的攻击性。

如果你有兴趣改变自己的性格，或者帮助别人改变性格，那么我在这里要明确建议：在你着手制订明确的性格改变计划之前，第一步是认识并理解这种改变是有可能实现的。事实上，无论你在改变性格方面成功与否，只要你培养一种心态，即相信性格是可以改变的，就会对你大有裨益。[12]

为了培养这种思维方式，请记住一个事实：尽管性格在一定程度上受制于你从父母那里继承的基因，但你的性格并不完全由这些基因决定（粗略估计，遗传影响约占50%）。更重要的是，遗传基因有点儿像"出厂设置"——没错，它会使你在生活中倾向于按照某种方式行事，但如果你有正确的策略，持续努力，坚持不懈，那么你肯定可以改变自己的性格。如果你目前同外部世界打交道的方式不适合自己，或无法从生活中得到自己想要的东西，又或者无法按照自己的价值观生活，那么你就可以选择改变了。

改变性格的第三个，即最后一个基本原则是，你必须反复实践必要的新行为方式，使之成为一种习惯，以达到改变性格的目标。你必须坚持不懈，必须意识到改变性格需要时间，而且可能会在一段时间内令自己感到不舒服。

起初,这些新的行为方式需要你有意识地、努力地去重复,但重复的次数达到一定程度后,你做起来就会变得更得心应手,然后就会习惯成自然,学习骑自行车或开车就是这样。最终,培养了新的行为习惯和应对世界的方式之后,你就能重塑自己的性格。

想想那些典型的退休男性,他们一般沉默寡言,如果想成为一个外向的人,变得更健谈、更友善,那么他们起初可能需要付出很多有意识的努力,甚至会产生一种不舒服和被强迫的感觉。但通过反复尝试,他们会发现新的行为方式可以成为自己的第二天性,高效社交会变成一种条件反射,或者说一种默认的行为模式。从本质上说,这种新的行为方式已经成为他们个性的一部分。要改变其他性格特质,也要经历类似的过程。想象一下,如果一个女人想养成每周去剧院(或者定期观看网络节目)的新习惯,以此来提升性格的开放性,起初,她会对这种生活方式和娱乐项目感觉很陌生。但随着时间的推移,她将逐渐了解一些演员和剧作家,并养成对这种艺术形式的独特品位和好奇心。正如苏黎世大学的心理学家所说:"我们认为,习惯的形成过程有助于一个人长期保持预期的新行为方式,并最终形成相对稳定的、可衡量的新性格特质。"

如今,回顾我的大学朋友马特的故事,我们可以很清楚地看到他完全有能力实现持久的性格改变。他的动机非常强烈,并坚信改变是可以实现的,而且他果断地开始改变自己的行为习惯,包括在一个高度社会化的环境(大学的一个酒吧)找一份工作,在那种环境下,他别无选择,只能反复练习与陌生人交往。马特的故事并非特例。心理学家根据长期研究总结出来的证据，汇编了一份关于人们能否改变性格的分析报告，他们得出的结论是：在大多数情况下，人们能够改变自己的性格，尤其能够增强外向性和情绪稳定性。[13]

真正值得注意的是，改变性格的三个基本原则与你的相符程度也会有显著变化。即使你之前不符合前两个或第三个基本原则，但读完本书后，你会发现自己已经完全符合这些原则了。如果你想改变，并且你已经做到了这三个原则，那么情况就对你非常有利，你可以进一步做一些特定的活动和练习。心理学研究表明，这些活动和练习往往与性格特质的改变密切相关。

有证据支持的性格改变策略

有意识地采用某种新的行为方式是实现性格改变的关键部分，但这种方法需要你付出巨大的努力。这种方式本质上是学习如何改变自己的外在行为方式，以最终实现持久的、内在的改变，但这种改变往往会令你觉得不舒服或具有挑战性。想象一下，一个没有条理的女人，为了让自己变得更有条理，开始试着使用谷歌日历；一个自以为庸俗的女人，强迫自己每个月去看一次歌剧，希望自己的思维变得更加开放。这些事情都没那么容易。

这些经过深思熟虑的行为策略是改变性格的秘诀的重要组成部分。事实上，一项对数千名荷兰人长达7年的跟踪调查就发现，多参加一些诸如欣赏歌剧之类的文化活动，确实有助于提高性格的开放性。[14] 然而，研究表明，要想成功地改变性格，另一个重要条件是进行有助于改变特定性格特质的练习和活动（尽管通常来讲，大多数人从事这些活动的动机并非改变性格特质）。

虽然刻意培养新的行为习惯非常重要，会由外而内地改变你，但还有许多活动能够由内而外地改变你——通过改变你的基本认知和生理过程，从而塑造你的性格，而性格改变后，它反过来又会进一步改变你的行为方式，最终改变你所处的环境。比如，如果你经常做一些有助于提高同理心水平的事情，包括多读一些人物性格能够带来心理冲击、故事情节能够引发情感共鸣的小说，那么你就会变得更加关心别人，这将使你更容易找到友好的、值得信任的伙伴，最终提高你的亲和性。

你要谨记，为了让自己的生活更有意义，你的性格特质其实不需要发生剧烈改变，比如你不需要从一个不善言辞的人变得像一个单口相声演员。因为哪怕你只在这五大性格特质中的某个或多个方面发生微小的改变，那么在现实生活中，你所做的决定、从事的活动、交往的人，以及所处的环境也会跟着改变，带来的益处会不断累积。你或许会发现，无论你的首要目标是更好地完成人生使命，还是让自己变得更高效或拥有更多朋友，只要让自己的性格发生细微的改变，就有助于实现目标，让你成为自己期待的那种人。

降低你的神经质水平

让我们来审视一下各个性格特质，首先从神经质开始。有证据表明，与其他性格特质相比，想要改变这一性格特质的人最多，因为它对一个人的幸福感和身心健康的影响最大。记住，神经质是情绪稳定性的对立面，神经质得分高的人对负面情绪格外敏感，容易犹豫不决，警惕心强，以及紧张不安。那么，哪些活动或练习有助于改变导致这一性格特质的基本心理机制呢？

你可以花点儿时间完成在线记忆训练。一种越来越流行的理论认为，从根本上讲，很多习惯性焦虑的根源在于我们难以控制注意力，包括我们在做某件事时的所思所想，比如，在给你的同事做报告时，你一直在想他们会怎么看你，或者在去面试的路上，你满脑子想的都是自己可能出错的地方，而不是集中精力排练已经准备好的优秀回答。在线记忆训练可以提高你的工作记忆，也就是你同时处理不同信息的能力，反过来，这也增强了你对自己思维的控制能力。

在一项研究中，13名焦虑度较高的学生完成了一个心理学上所谓的"n-back练习"的高难度版本。[15]（在网上搜索一下n-back，你能找到免费试用版本。）这种练习要求参与者将当前听到的某个字母与在此之前看到的第n个字母相比较。比如，当n=1时，参与者就要比较当前听到的字母和看到的上一个字母；当n=2时，则比较当前听到的字母和在它前面隔一个位置上的字母，依此类推，n越大，任务越难。任务类型包括字母匹配、图形匹配和位置匹配。在字母或图形匹配任务中，参与者要判断两个字母或图形是否为同一字母或图形，而不管其呈现位置如何。在位置匹配任务中，参与者要判断两个元素的呈现位置是否相同，而不管它们是否为同一个字母或图形。参与者表现得越好，难度就越高。（对照组完成的训练难度相对较低，比较简单,不会产生什么益处。)

一个关键的发现是,在完成了为期15天、每天30分钟的"n-back 练习"后,学生们报告说自己的焦虑程度有所降低,并且在面对压力时表现得更好。对其脑电波的测量也表明他们处于一种比较放松的状态。这种训练让学生能更好地控制自己的思维,从而产生了这些有益的效果。神经质水平较高的人往往更在意未来的风险,更注重反思过去的错误,但经过这种训练后,他们就更容易将这种焦虑降低到可控的水平。

另一个你可以尝试的活动是定期进行感恩练习,比如每天写一篇简短的日记,记录令你感恩的事,或者给令你感恩的人写一封感谢信。研究表明,感恩是一种"情绪盔甲",能体会、表达更多感恩的人,在生活中受到的来自压力的负面影响更小。[16] 神经成像证据甚至表明,体会、表达感恩的次数越多,大脑就越适应这种思维方式。[17] 这表明,你越是努力地去体会感恩之情,未来这种感觉就越容易油然而生,从而降低神经质水平。

另一种降低神经质水平的方法是参加心理治疗。这个建议或许听起来很奇怪,但从某种意义上讲,每周花一个小时与治疗师聊天或反思如何改变思维习惯,其实就是在重塑性格。

我们通常不会从这个角度去看待心理治疗,一般我们的关注点是心理治疗有助于减轻症状或找到内心启迪。但近年来,研究人员开始将心理治疗视为改变性格的一种途径。比如,布伦特·罗伯茨及其团队在2017年的一篇论文中分析了在1959—2013年间发表的207项心理治疗成果,涉及20 000多人,包括治疗前后对患者性格的测量结果。[18] 研究小组发现，仅仅几周的心理治疗就能使患者的性格发生显著、持久的变化，尤其能降低神经质水平并增强外向性。其中，神经质水平的降低尤其令人印象深刻，患者的神经质水平由于接受心理治疗而降低的程度大约是年龄渐长带来的神经质水平降低的程度的一半。

认知行为疗法是当今最常用的心理疗法之一。我在前文提到过，这种疗法的重点是改变一个人的消极偏见，以及无益的信念和思维惯性。比如，一个高度神经质的人可能倾向于过度关注别人的批评，或不停地想象自己在应对某项挑战时会犯什么错误。认知行为疗法能使他看到和纠正这种思维惯性存在的偏差。

研究人员分析了仅仅为期9周的认知行为治疗对社交焦虑症患者性格特质的影响，发现患者的神经质水平有所降低，亲和性有所增强，而且更加倾向于信任别人。[19] 同样，经过40次认知行为治疗后，广泛性焦虑症（一种渗透到生活各个方面的慢性焦虑）患者的神经质水平也有所降低，外向性和亲和性增强。[20]

为何针对焦虑症、抑郁症的心理治疗反倒有助于降低神经质水平呢？事实上，这并不难理解，因为性格特质在一定程度上基于思维习惯以及同别人的相处模式。你甚至可以把认知行为治疗视为改变思维惯性的过程，它能使人们不再像神经质的人那样思考问题。在你的想法改变之后，你的行为习惯就比较容易改变了，你的社交活动会增多，你将做出更大胆的决定，生活中的恐惧和焦虑也将减少。

考虑到一些人的社会经济背景或文化背景，认知行为治疗或许是一种可望而不可即的奢侈品，或者你会觉得这是一种高强度的干预措施，只适合那些存在严重心理问题的人。但要记住，无论你怎么看，已经有越来越多的证据表明计算机化的认知行为治疗也是有效的，而且你可以舒适地待在家中完成治疗。[21] 如果你想降低自己的神经质水平，一些计算机化的认知行为治疗程序，比如"战胜抑郁"（Beating the Blues）很可能对你有效，因为它可以帮你进行一些思维锻炼，培养情绪稳定性，改变滋生焦虑的思维方式。比如，在思考某个情境时，它可以让你专注于自己能够控制的那些方面。再比如，在思考过去的某个事件时，它可以让你在看到消极因素的同时，也能看到积极因素。

如果你不喜欢看心理医生或接受在线治疗，我可以给你提供一些建议，以减轻神经质对你的思维方式的影响。（但请记住，如果神经质给你造成了巨大的痛苦，那么你应该去看有资质的、专业的心理医生。）比如，你可以反思一下你和焦虑的关系。研究表明，慢性焦虑患者（高度神经质者往往就是这种人）往往把焦虑视为一件好事。考虑到焦虑给他们带来的痛苦，这种看法似乎有点儿奇怪，但他们内心深处的确相信焦虑有助于阻止坏事发生。慢性焦虑患者往往具有完美主义倾向，因为他们在考虑问题时会竭力考虑到所有可能发生之事。当然，这是不可能的，所以他们终将陷入无休无止的焦虑。心理学家说，一旦你发现让自己焦虑的事情太多，不妨刻意提醒一下自己要适可而止，停止焦虑，这样做有助于跳出这种焦虑循环。

你还可以尝试在脑海中对自己说话，谈论未来的挑战和过去的错误，并在此过程中密切关注你谈论这些话题的方式。如果你拘泥于某个不可达到的标准，倾向于做出笼统的概括，忽略情境的细微差别，以及使用"必须"和"应该"这样的字眼去要求自己，那么你就要格外注意了。你要试着以关怀之心与自己对话，就像面对一个亲密的亲戚或朋友那样。神经质水平较高的人更容易回忆负面事件，并对未来所有可能犯的错误耿耿于怀。你要认识到这是一种偏见，然后通过积极地、刻意地回忆快乐的事以及之前的成就去克服这一偏见，同时，你要专门留出一些时间，列出可能使你顺利应对未来挑战的方法。

最后一项建议就是出国旅行，这有助于降低神经质水平，同时也是一个很好的旅行理由。越来越多的研究表明，出国经历的主要影响之一就是降低一个人在神经质方面的得分，对年青人而言尤其如此。2013年，德国研究人员对1000多名大学生进行了评估，其中一些人曾经长期在国外上学，另一些人则一直留在德国。[22] 他们还分别在学年开始和结束时测量了学生的性格，意料之中的是，从一开始，那些计划出国旅行的学生在神经质方面的平均得分就低于那些计划一直待在国内的学生。即使考虑到这种基础神经质水平的差异，研究人员依然发现，在学期结束时，与一直待在国内的学生相比，曾出国旅行的学生的神经质水平明显降低。

在国外（最好是在一个能够为你提供帮助和支持的安全环境中）旅行期间，你将不得不应对不确定因素、新的环境、新的人、新的文化，这或许非常有挑战性。如果你平时就害怕陌生情境，那么这段经历将为你提供许多练习控制情绪的机会。回国后，你对风险和不确定性的感知标准将重新调整，性格也将变得不那么神经质。此外，许多心理学家认为，你的性格之所以相对稳定，是因为你每天都会遇到相同的人和情境，如果在国外度过一段时间，置身于一个全新情境中，你将有机会挣脱之前每天都在影响你的性格的各种力量。

将改变性格的三个基本原则同三个实用策略（心理治疗、记忆训练和旅行）以及本书介绍的其他策略结合在一起，将让你有机会降低自己的神经质水平，收获情绪稳定性带来的相关益处。关于打破所谓的"神经质级联"的其他方法，请参考下图。

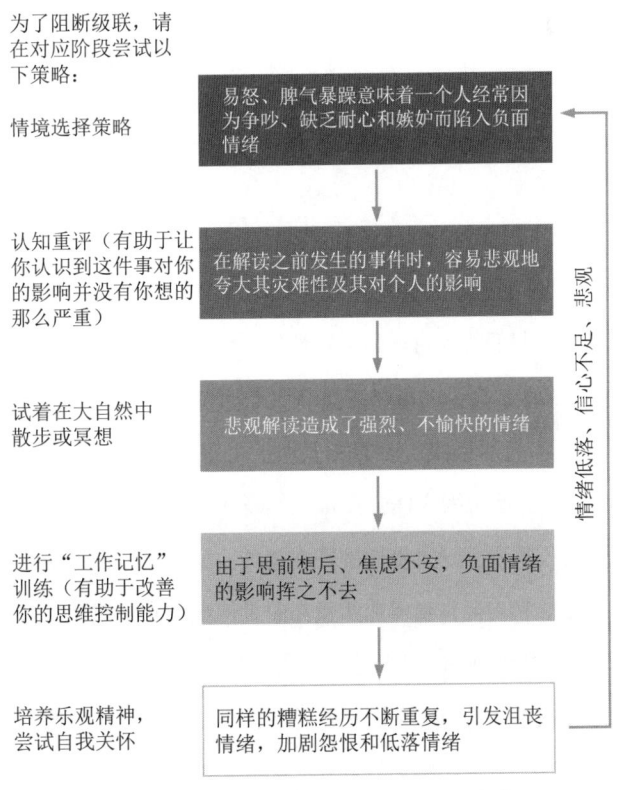

为了阻断级联，请在对应阶段尝试以下策略：

策略	阶段描述
情境选择策略	易怒、脾气暴躁意味着一个人经常因为争吵、缺乏耐心和嫉妒而陷入负面情绪
认知重评（有助于让你认识到这件事对你的影响并没有你想的那么严重）	在解读之前发生的事件时，容易悲观地夸大其灾难性及其对个人的影响
试着在大自然中散步或冥想	悲观解读造成了强烈、不愉快的情绪
进行"工作记忆"训练（有助于改善你的思维控制能力）	由于思前想后、焦虑不安，负面情绪的影响挥之不去
培养乐观精神，尝试自我关怀	同样的糟糕经历不断重复，引发沮丧情绪，加剧怨恨和低落情绪

（右侧纵向文字：情绪低落、信心不足、悲观）

图 5-1 神经质级联（Neuroticism Cascade）

艾奥瓦大学的心理学家认为，一系列心理过程，即"神经质级联"，导致高度神经质的人长期陷于负面情绪。这五个阶段都可利用本书提供的策略加以应对

> 小贴士：
>
> 多散步！研究表明，将一只脚放在另一只脚前面的简单动作，虽然无法让你呼吸新鲜空气，也达不到散步的效果，却依然会对情绪产生有益影响，哪怕你或许意识不到这一点。[23]另外，你可以学习武术。研究表明，新技能不仅会给你信心，还能让你在认知层面上培养更强的注意力控制技能，起到类似于前文提到的工作记忆训练的效果。[24]

增强尽责性

接下来，我们将探讨增强尽责性的方法。首先，你要找到一个你认为有意义并且愿意为之投入精力的工作岗位或志愿者角色。研究表明，随着时间的推移，在人们对一份工作投入个人情感之后，责任感往往会增强。[25]这是因为你会在自己热爱的工作中受到激励，在追求事业目标的过程中表现得更有条理和抱负。如果你的行为受到了同事或客户的奖励和支持，则可能加强你的自律能力和条理性，形成一个良性循环，最终使你的尽责性水平持续上升。

当然，找到一份有意义的工作并非易事，这在很大程度上取决于你对工作的看法。针对职场人士的多年研究发现，无论工作性质如何，如果一个人认为自己的工作能够造福他人，那么这个人更有可能觉得自己的工作是重要且有意义的（这些人在工作中往往更加快乐和高效）。[26] 所以，要想增加工作的意义感，从而提高你的尽责性，一个方法就是想想你的工作对其他人有什么好处，比如你是否编写了能让人们在网上找到所需服务的网页代码，或者是否帮别人把邮件送到了他们家里。关键在于，当你看到自己做出的贡献之后，你会发现自己做事的动机增强了，这有利于尽责性的增强。

一些志愿者工作、富有建设性的爱好，比如加入孩子学校的家长委员会或所在城镇的自然资源管理委员会，都可能对你的行为产生积极影响，从而影响你的尽责性。和找一份有意义的工作一样，找到一个对你而言有意义的、能够激发你的热情的追求堪称一项挑战，它将激励你变得更加勤奋和敬业。你不可能仅仅通过坐在沙发上想象不同的选项来找到你的热情所在，你需要走出去，尝试不同的角色，这样你才有机会找到一个合适的角色或活动，从而改善你的性格。要记住，这不是一见钟情的事。每次做出新尝试时，一定要充分发挥自己的想象力，看看这件事是否真的能激起你的热情。如果你实在没有什么好的想法，那么你可以做一个职业兴趣测试，网上有很多免费的测试。

增强尽责性的另一个方法是练习如何避开诱惑。你可能觉得，要想过上更健康、更高效、更认真的生活，秘诀在于钢铁般的意志力，但事实上，越来越多的证据表明，很多人善于抵制诱惑的秘诀之一就是他们从一开始就会避开诱惑。一项研究调查了159名大学生的4个主要长期目标，然后通过随机性手机提示，对他们的行为进行了为期一周的详细调查。[27] 在这一周内，每当这些学生的手机响起时，他们都要回答一些问题，比如他们目前是否在抵制诱惑，是否在运用意志力。

学期结束时，研究人员再次对这些学生进行调查，看看谁达到了自己的目标（如"学习法语"）。他们发现，那些面对的诱惑较少的学生，而非那些更多地运用意志力的学生，更有可能达到预设的目标。多伦多大学研究人员称："我们的研究结果表明，良好的自我管理并不在于增强自我控制，而在于消除环境中的诱惑。"

这意味着，你可以通过学习规避诱惑的策略来培养自己的责任感。饮食就是一个很好的例子，亚利桑那州立大学的一项研究发现，如果一个人的通勤路线上分布着较多食品店，那么他的体重往往更重。[28] 诸如此类的发现表明，简单地调整一下通勤路线，绕开你最爱的面包店或快餐店，有助于你保持健康。同样，如果你在应该睡觉的时候忍不住玩平板电脑或其他电子设备，那就制定一个简单的规则：不要在卧室里放任何电子设备。换句话说，无论你面对的是科技、快餐还是其他诱惑，你都要接受一个事实，即你和大多数人一样意志薄弱，然后围绕这一事实制定应对策略。如此一来，你的尽责性很可能有所增强。

最后，多做点儿家庭作业！研究人员对数千名德国学生进行了为期3年的跟踪调查，结果证实了这一点。尽责性强的学生不仅会在家庭作业上付出更多努力，而且随着时间的推移，这种做法也会促使其责任感有所增强。[29] 对许多成年人而言，"多做家庭作业"的建议或许来得有点儿晚，但同样的原则也适用于成年人：无论是在工作方面，还是在人际关系方面，甚至在休闲消遣方面，如果你今天多付出些努力，那么从长远来看，你终将从中获益，这有助于你培养一种更有耐心、更注重未来的思维模式。

研究人员认为，这些学生持续的行为变化可能带来性格上的长期改变。你可以把同样的原则运用到你的爱好上，或者参加成人教育。

保持自律，每天多付出些努力，很快你就会发现自己变得更有责任感。如果你真的愿意为自己所做的事情付出精力，对其产生一种责任感，并且能够获得回报，比如取得明显的进步，或得到外界的积极反馈（这可以有多种表现形式，包括考试成绩、创新成果，以及他人的赞赏），那么这种改变性格的方法更有可能成功。

如果你是一名管理者、教师或家长，你可以采取一些措施去鼓励员工、学生或孩子培养责任感。在此过程中，你要表现出权威，提出的要求必须具有一致性，并且你要热情地为他们提供建议（当人们喜欢和钦佩自己的上司时，他们更容易产生责任感），帮助他们明白克服当前挑战和实现长远目标之间的联系，并在他们失败时提供支持。这样做的目的是传达一个信息：付出就会有回报。你要确保他们知道要做什么才能成功（比如，给他们明确的定位），让他们对自己负责。最重要的是，你需要帮助他们把眼光放长远，让他们知道需要把成功放到数年的时间框架内去衡量，而不是用几天或几周去衡量。

> **小贴士：**
>
> 形形色色的诱惑是不可避免的，有时你别无选择，不得不依靠单纯的意志力让自己变得更加认真。在这方面，最重要的是你如何看待意志力，尤其是你能否将它视为一种有限的心理资源。我之前提到过，在印度，具有挑战性的任务被普遍认为能够令人充满活力，而非令人精疲力竭。在此背景下，心理学家记录了所谓的"逆向自我损耗"，之所以会有

> 这样的名字，是因为他们发现，如果人们先完成了一项耗费脑力的任务，那么他们在后续任务中的表现就会更好，这与自我损耗理论所做的预测恰好相反——该理论认为一个人的意志力就像汽车里的汽油一样是有限的。因此，这个新发现表明，你应该把自己的意志力想象成是丰富的、无限的，这样做有助于你更长久地集中注意力。

增强开放性

就增强性格的开放性而言，一些最显而易见的方法或许是最有效的。比如，对同一批人连续多年的跟踪研究发现，多参加文化活动会让人变得更开放。如果你能让自己养成那种具有探索性和实验性的思维模式（比如愿意多读书、多看戏剧、学习一种新乐器或新运动，或者其他事情），那么你很可能养成更开放的性格。

有一种不那么明显的方法也可以让你变得更容易接受新想法、新文化，以及美好的新事物，那就是做益智游戏，比如填字游戏或数独游戏，因为这类游戏可以改善心理学家所说的"归纳推理能力"。在一项研究中，研究人员让一些老年人（60~90岁）学习了一些关于如何做填字游戏和数字拼图的策略，然后在家里反复练习，游戏的难度会根据他们的水平持续调整，他们平均每周练习11个小时，为期16周。与那些没有接受训练也没有在家练习的对照组相比，这些参与者的性格在开放性方面表现出持续增强的趋势。[30]这种益处至少在一定程度上是通过改变志愿者对自身智力水平的认知来实现的,同样,你也可以借助拼图等益智游戏增强你对自身智力水平的信心。毕竟,自信是开放性的关键,因为成为一个思想开放的人意味着愿意勇敢地去探索新观点、新地点和新经历。

为了增强性格的开放性,你也可以尝试另一种方法,即怀旧,比如浏览过去的相片,看老电影,或者和朋友一起回忆往事。这种方法可能有点儿出人意料,但事实上,沉浸在对往事的遐想中有助于改善你的创造力(比如有助于你写出更具创意和想象力的文章),进而增强性格的开放性。[31]关于怀旧的理论认为,回忆有意义的往事,特别是那些与亲密朋友和亲戚有关的美好往事,可以给情绪带来一系列益处,包括增强自尊和自信,有助于令人变得更乐观,更愿意接触新世界,接受新经历。这再次说明自信有助于增强创造力和开放性。

最后一种有助于增强(至少有助于保持)开放性的方法是定期锻炼,比如去健身房或每天散步。研究人员对数千名50岁以上的人开展了数年的跟踪调查,发现那些经常锻炼身体的人往往会保持开放的心态,而不是像同龄人那样随着年龄渐长开放性趋于弱化。[32]为什么锻炼身体有助于增强开放性呢?这背后的逻辑类似于完成智力拼图以及和朋友共同回忆快乐时光的道理:积极参与体育活动有助于培养一个人的信心,增强其尝试新事物的意愿。事实上,培养一种更积极的生活方式可能是改善性格最简单的方式之一。

我建议你试着进行一次"敬畏式散步",也就是说,像孩子或初来乍到的访客一样散步,在你的所见所闻中寻找奇妙的事物或经历

(比如，观察树叶上千奇百怪的图案，聆听鸟儿的鸣叫，或者欣赏当地的建筑）。敬畏心态能够让你变得谦逊，而谦逊又能增强你的开放性。

> **小贴士：**
>
> 如果你需要一些额外的动力，那么请记住，性格开放性的增强甚至有助于改变这个世界在你眼前的呈现方式，这绝对不是夸张的说法。心理学家最近研究了开放性与人们的"双眼竞争"这种知觉现象之间的关系。双眼竞争指的是当给观察者的双眼呈现不同图像时，观察者看到的两个图像往往不能融合，而是交替转换，但有时候，这两种图像会融合在一起。研究表明，你的性格越开放，就越有可能看到两种图像融合在一起。这表明，开放性这一性格特质能够在视觉感知层面上表现出来。[33]

增强亲和性

你如何才能变得更友好、更热情、更值得信任，换句话说，更有亲和性呢？[34] 初步研究表明，要更好地了解他人，首先要增加对自己的了解。

为了实现这一目标，德国研究人员提出了一种新的心理技巧的构想：反思自己性格中的不同部分，比如"关心他人"、"内心如儿童般快乐"或"内心脆弱"，同时从客观的、不加评判的角度思考自己的想法，并将它们归入不同类别，包括自我/他人、过去/未来、积极/消极。针对这一心理技巧,研究人员进行了为期三个月的研究。为了让参与者能做到观点采择,每名参与者都有一个搭档(参与者就其性格的一部分轮流发言,其搭档需要在聆听发言的过程中猜测发言者说的是哪部分性格),因此这个项目的确需要认真投入一些时间。研究人员发现,在项目实施的过程中,参与者越是能够猜测出搭档所说的是哪部分性格(有趣的是,尤其是消极部分),他们表现出的同理心就越强。[35] 事实上,这与神经科学的一个研究结论是一致的,即我们用于思考自己和思考他人的大脑区域存在重叠。你或许不能或不愿像这些参与者那样投入那么多时间,但一定要注意一个重要原则:如果你想更好地了解别人,就从了解自己——尤其是自己的缺点——开始吧。

另一个能增强同理心的活动是正念(mindfulness)。正念强调以不加评判的态度清醒地观察和反思自己当下的情绪状态和内心的想法。一些研究表明,短期的正念冥想类训练,比如连续几周,每天花30分钟以不加评判的方式关注当前的想法,有助于增强同理心。[36] 正念之所以有这种效果,一个原因在于它能教你以一种不加评判的方式去观察自己的内心体验,这样一来,你就能以同样的方式关注他人的忧虑。

你也可以试着多读一些小说等文学作品。阅读人物性格复杂的小说时,你需要对人物的情感和动机进行换位思考,这正是在现实生活中提高同理心和亲和性所需的技能。多项研究表明,即使只是短时间阅读小说,似乎也能对识别他人的情绪等与同理心相关的技能产生立竿见影的效果。[37] 虽然并非所有人都能利用这种方法在短期内见效,但另一项研究以不同的方式证实了这种方法的效果,这项研究表明,如果某个志愿者对不同的小说家比较了解(这表明他们读过很多小说),那么这个人往往也更善于识别他人的情绪,在同理心问卷上得分更高。这表明读小说确实有助于培养我们的同理心。[38] 甚至神经科学方面的证据也证实了同样的结论:如果连续 5 个晚上阅读罗伯特·哈里斯的小说《庞贝》,那么大脑内部的神经元连接模式就会发生一定程度的改变,决定一个人是否乐于接受他人观点的大脑区域也会改变(见图 5-2)。[39]

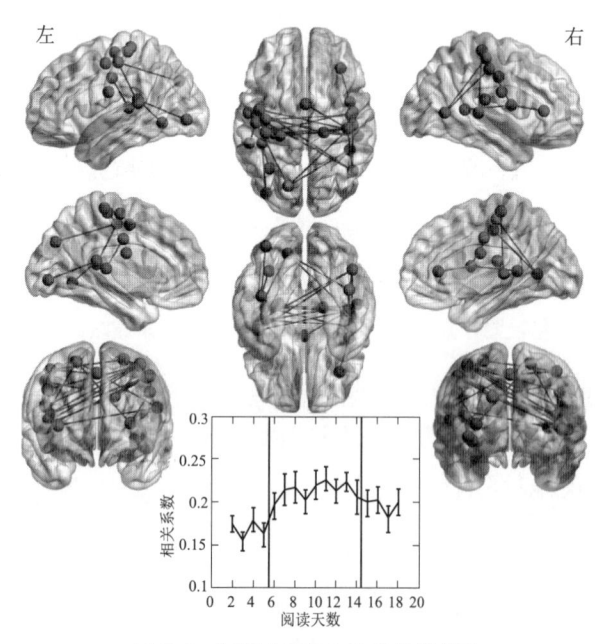

图 5-2 阅读小说与大脑变化的联系

2013 年发布的一份脑部扫描研究报告发现,在阅读罗伯特·哈里斯撰写的小说《庞贝》的第 6 天至第 14 天期间,读者大脑内部的部分神经元连接得到了加强。这种变化揭示了阅读小说能够增强同理心(及亲和性)的神经学基础

来　源:Reproduced from Gregory S. Berns, Kristina Blaine, Michael J. Prietula, and Brandon E. Pye, "Short- and Long-Term Effects of a Novel on Connectivity in the Brain," *Brain Connectivity* 3, no. 6 (2013): 590–600.

最后一种方法是，试着同来自不同文化或种族的"外人"相处，比如，你可以加入一个有少数民族成员的体育俱乐部。意大利的一些心理学家在一年中对数百名高中生进行了两次测试，发现那些在此期间与移民学生有较多高质量交往（友好的、合作类的相处）的学生，同没有这种经历的学生相比表现出了亲和性增强的趋势。[40]

人性决定了我们往往对自己不熟悉的人信任度较低，但同来自陌生背景的人有过高质量交往之后，我们很可能变得更容易信任别人，同时这也磨炼了自己的社交技巧，这些都有助于提高我们的亲和性。意大利研究人员表示："积极的族际交往经历可能会提醒人们，接触是有价值的，有助于社交技能的发展和社交视野的拓宽。"神经科学的发现也支持这个结论，当人们同来自不同文化或种族的"外人"有过积极的接触经历后，他们的大脑在看到"外人"陷入困境时，就会表现出较强的与同理心相关的活动。[41]

小贴士：

亲和性较强的人的一个关键特征是不易怒，这意味着控制脾气有助于你变得更随和。有效的愤怒管理技巧很多，但经验证最有效的方法可能是自我解离，也就是说要脱离自己当时面临的情况。当你在某种情况下感到自己即将发火时，暂停片刻，想象自己在从墙上一只苍蝇的角度看待这个情况。研究表明，这种做法具有镇静作用，可减少你的攻击性。

增强外向性

最后，我要谈谈如何增强性格中的外向性。哪些活动和技巧能让你变得更外向呢？一个基础性方法是学习一种令人联想到外向的语言。[42]当你说外语的时候，你就获得了孕育出这种语言的文化的某些特征。以中文为母语的人说英语时的变化就可以证明这一点，这可能是因为他们认为典型的美国人比较外向。说英语的人可以考虑学习一门像葡萄牙语、意大利语这样的语言，以便从巴西或意大利文化中汲取一些外向性元素。

即使你在说母语，你也可以试着让自己说话的方式更像一个外向者。外向者使用的语句往往更松散、更抽象，比如他们会说"那部电影真棒"，而内向者则会做出更具体的观察，比如"情节非常巧妙"。同样，外向者说话更直接，比如"我们去喝一杯吧"，而内向者可能会更谨慎地说，"也许我们应该出去喝一杯"。外向者说话带有冒险和随意的成分，这反映了他们对生活的态度。采用外向者的语言风格，久而久之，你将发现这种说话方式会增强你性格的开放性，哪怕只是一点点。

你不妨采用"如果－那么"的方式制订和实施计划。性格是外向还是内向在很大程度上是由习惯塑造的，习惯对外向性的影响比对其他几种性格特质都要明显。如果你习惯独处，那么参加一次聚会将会对你的思维系统造成冲击，因为参加聚会可能使你神经紧张、心理不适。然而，人类的本性决定我们会在习惯了某事后，就逐渐适应。因此，让自己变得更外向的一个简单方法就是让自己习惯更有刺激性的环境，在某种意义上，这种新环境能够提高你的适应能力，重新调整你心理不适的阈值。要建立新的行为习惯，一个非常有效的方法便是制订"如果－那么"的行为改变计划，然后努力去实施。比如，你可以制订这样一个计划："如果我在火车上坐在一个陌生人旁边，那么我要努力同其进行一番交谈。"

如果你有一个善于交际的朋友或伙伴，那么你就比较容易培养新的社交习惯。事实上，针对年轻人的研究发现，在第一段恋爱关系之后，其外向性往往有所增强。毫无疑问，出现这种情况的一个原因在于，这段关系增加了他们结识新朋友的机会，而且与恋人成为一个整体提升了他们的自信水平。

另一个明显有助于增强外向性却容易遭到忽视的方法是：做一切有助于提高自信心的事。你可以尝试一些心理学技巧，包括经常摆一些有利于增强自信的"强势姿态"，比如像超级英雄一样双手叉腰，双脚分开（以占据尽可能多的空间）。这一技巧遭到了某些人的嘲笑，部分原因是这一概念遭到了过分宣传，以至于出现了不实之处，还有一部分原因是一些研究未能证实这一概念宣称的某些效果。但重要的是，即使是那些未能证实其效果的研究也普遍发现，强势姿态令人感觉更自信。如果你在参加派对或见新朋友之前这么做，可能让你的外向性有所增强，给你带来一点儿优势。

当然，如果你觉得经常摆出一些强势姿态很可笑，那就不要这么做。你或许可以试着在生活中做一些有仪式感的事情，比如按特定的顺序扣上衬衫的扣子。[43]大量研究表明，仪式感可以增强你的自信，即便你内心深处知道你所做的事情并没有什么逻辑。[44]细节没那么重要，关键是你要保持乐观，相信事情会顺利，这是外向者的生活态度中的一个关键——他们在出门前，就预计自己将度过一段愉快的时光，因而他们会使自己更开放，更容易有获得快乐的机会。有一个将对你有所启发的事实：研究人员发现，如果我们表现得更外向（比如在社交时更自信，表现出更加充沛的精力），那么我们的交谈对象更有可能对我们报以积极的回应，比如给予我们越来越多的微笑，在我们面前越来越健谈，从而建立一个积极的反馈回路。[45]

与此相关的是，你可以试着变得乐观一些。有人分析了29项心理学研究，他们发现，要想变得更加乐观，最有效的方法是所谓的"最佳自我干预"（Best Possible Self intervention）。比如，你可以抽出大约半个小时的时间，设想如果自己努力工作，一帆风顺，成功地实现了生活中的所有目标，那么自己的未来将会变得多么美好。[46] 定期做这种思维实验，久而久之，你会发现自己更愿意走出去，收获更多乐趣。

最后，调整自己对焦虑的认知。[47] 外向者喜欢追求心跳加速、肾上腺素激增等感觉，而这类体验或许会让内向者感到无可抗拒的压力和厌恶。然而，内向者偶尔会发现自己其实喜欢这类感觉，从此变得更大胆，也不那么厌恶这种感觉了，这是因为他们学会了将这种感觉理解为兴奋，而非焦虑。运用这种认知技巧（比如，内向者在产生焦虑时，可以告诉自己"我很兴奋"[48]），其实比试图让自己平静下来更容易，而且从长远来看，如果你成功地学会从富有挑战的环境中获得乐趣，那么你可能会开始刻意寻找这类环境，从而使自己变得更外向。

> **小贴士：**
>
> 如果你非常内向，那么在刚刚尝试外向型行为时你可能感到筋疲力尽，心情沮丧。但别气馁，振作起来！研究表明，即使是外向者偶尔也会觉得社交之类的外向型行为会令自己在事后感到疲惫。[49] 然而，此时此刻，无论你是内向者还是外向者，只要你尽力表现得外向，都有提振情绪的效果。[50] 这样做虽然令人疲惫，但也会让你感到开心，这是一种很好的状态。

做真实的自己，还是改变自己？

诸如苏珊·凯恩的《安静：内向性格的竞争力》之类的著作都宣扬了这样一种理念：在一个嚣杂的世界中，内向的性格更具优势，保持内向很有必要。这类书籍的成功表明人们强烈地认为保持自己真实的一面非常重要，不要为了更好地迎合外部世界的苛求而改变自己。当你考虑刻意改变自己的性格时，你可能会担心自己这样做有点儿虚伪，或者说不真实。这种担心是可以理解的，毕竟人们既渴望改变自己，又渴望做真实的自己。那么，你应该如何处理两者之间明显的矛盾呢？

首先，性格的改变并不等于彻底的蜕变。即使只是对性格进行非常细微的调整，也会带来好处。此外，你或许只是希望突出自己目前的某个性格特质，而不是颠覆或扭转它，比如，你可能已经比一般人更有责任感了，但你仍希望进一步发挥这一优势。有一项研究也可以为你提供慰藉，这项研究对人们进行了几个月的跟踪调查，发现那些希望改变自己性格的人，在设法实现那种改变之后，最终变得更快乐。[51]

还有一个问题：所谓"真实"，到底是什么意思呢？有证据表明，当你表现得像理想中的样子，也就是你渴望成为的那种人时，真实的感觉很可能会出现。[52]如果一个希望变得外向的害羞商人能够鼓起勇气参加一场鸡尾酒会，并成功地表现出喜欢社交的样子，那么他就会产生发现真实自我的感觉。同样，对情侣的研究也发现，影响双方关系满意度的最重要的因素是对方能否激发自己最好的一面，帮助自己变成期待的样子。[53]其他研究发现，对于是否在做真实的自己，人们的主观感觉并非通过某种虚构的"真实自我"得到的，而是通过让自己感到快乐、感觉良好的行为方式产生的，这证实了心理学家提出的一种假说，即感觉良好等于感觉真实。[54]

要永远记住，决定你是什么样的人的因素有很多，性格只是其中之一，其他因素包括你的目标、价值观，以及那些对你最重要的人。只有当你成功地实现了既定目标，按照自己的价值观生活，与重要的人开展有意义的积极互动时，你才有可能体验到做真实的自己的回报感，而这一切都可以通过恰当的、有目的的性格改变来实现。[55]

回想一下马特（那个我在大学里认识的由内向变为外向的人）的经历。我认为这种对"真实"的看法与他的故事吻合。从某种意义上说，在我认识他时，他的真实性格是高度内向的，但这种性格让他不开心，主要因为它阻碍了他想要与他人建立有意义的关系的强烈愿望。变得外向之后，他发现自己更容易体验到他渴望的归属感，并因此认为"外向"才是自我身份认同的基础。新的、更擅长交际的马特可以说和旧的马特一样真实，只是现在的性格更符合他的价值观和目标。

如果你想与众不同，这种渴望就是定义"你"的一个元素，满足改变自我的渴望就是做真实的自己。此外，真实往往更多地取决于你在做什么、和谁在一起，而不是某种永久的成就。如果改变性格能让你花更多时间同你喜欢的人在一起，做你想做的事，那么改变自己会让你更接近真实的自己。

第六章

救赎：坏人可以变好

马吉德·纳瓦兹十几岁时，每天都会背着一把大刀。1995年，在伦敦纽汉学院（Newham College）的大门外，穆斯林和非洲裔学生发生过一场流血冲突，导致一名尼日利亚青年被杀，当时纳瓦兹就拿着这把刀。他在写于2012年的回忆录《激进》（Radical）一书中承认，虽然自己没有伤害任何人，却"站在那里，眼睁睁地看着阿约图德·奥巴努比死去"。[1]纳瓦兹是伊斯兰恐怖组织"伊扎布特"的一名盲目、忠诚的成员，该组织企图建立一个穆斯林"哈里发"国家，让每个人都按照伊斯兰教法生活。这种教法存在很多严苛的规定，比如所有同性恋者都将被处以死刑。

纳瓦兹对极端思想的支持以及长期诉诸暴力的生活方式并非凭空产生。20世纪80年代到90年代，他生活在英国埃塞克斯，当地种族主义猖獗，他和很多亚裔朋友深受其害，他的所作所为就是对种族主义的回应。如果你在纽汉学院谋杀案发生之际见过纳瓦兹，听过他的所思所想，那么你很可能会对他形成这样的印象：他是一个具有反社会性格的危险人物。那时的纳瓦兹是一个年轻的涂鸦艺术爱好者，喜欢从逃避执法人员的追捕中获得快感。他在《激进》一书中回忆道："我喜欢藐视警察、法律和秩序。"这个男人的母亲曾经厌恶地捶打着自己的肚子，哭诉道："生了这么一个儿子，我痛恨我自己。"

在纽汉学院外爆发冲突后，纳瓦兹与其他穆斯林一起前往非洲裔聚居的社区，明确表示他们的目标是恐吓其他学生，从而导致这场悲剧愈演愈烈。他在《激进》一书中承认："对别人的死亡做出如此冷血的反应，是我当时的性格使然。"

纳瓦兹还同情"9·11"事件中的恐怖分子，其激进行动主义导致许多涉世未深的年轻人走上了暴力的吉哈德主义之路。他曾前往巴基斯坦煽动军事政变，后来又去了埃及，在2002年被埃及秘密警察逮捕，蹲了几年监狱。在最初三个月的单独监禁期间，在当时的性格的驱使下，他发誓要对他的敌人进行致命的报复，并且还幻想过"我会在你们抓到我之前尽可能多杀些人"。然而，这次监禁彻底改变了他。

今天的纳瓦兹完全变了一个人。作为反对极端伊斯兰势力的主要活动人士，他与别人共同创立了反极端主义组织奎利姆（Quilliam），并受到美国前总统乔治·沃克·布什和英国前首相戴维·卡梅伦等人的接见。在诸多媒体采访、文章和书籍中，纳瓦兹倡导对他人充满同情，而非愤怒，并主张无论我们面对的是谁，都要认识到自己同别人有着共同的人性。[2]

纳瓦兹是如何从潜在的恐怖分子转变为和平活动人士的呢？这当然并非易事。他在《激进》一书中写道："我必须一点一滴地从内到外重建我的整个性格。"但同其他许多自我救赎的故事一样，纳瓦兹的自我救赎故事也存在一些明显的转折点、主题和影响。

自我教育是第一个转折点。纳瓦兹在狱中阅读了大量文学作品，不仅有伊斯兰教文献，还有《动物庄园》和托尔金的作品等英国文学经典。他写道："再人性化（即重获对别人的同理心，并重新发现自己与别人之间的密切联系）、从源头研究伊斯兰教，以及通过文学作品去理解复杂的道德，这三种因素对我产生了深远的影响。"从性格特质来看，实现自我救赎后的纳瓦兹的开放性和亲和性明显增强。

除了教育之外，对纳瓦兹的自我救赎产生重大影响的另一个因素是别人给予的同情。在他被关押在埃及期间，国际特赦组织将他归类为"良心犯"（即纯粹因为信仰而被关押的人），并为释放他开展了积极活动。虽然纳瓦兹早年的种族主义和暴力运动经历让他觉得自己失去了人性，变得麻木不仁，但他说，国际特赦组织向他展示出的同情帮助他恢复了人性。他在回忆录中说："我之所以成为今天的我，部分原因是他们决定为我积极奔走。"

最后一个改变纳瓦兹的因素是新的人生目标。他逐渐认识到，"伊斯兰恐惧症"和极端伊斯兰主义都是人权的敌人。他为自己设定了一个具有挑战性的目标：他要发起一场新的运动，进行一种反叙事，扭转人们对伊斯兰教义的误解。这个计划最终在 2008 年达到了高潮：那年，他与埃德·侯赛因（曾是伊斯兰激进分子，但已洗心革面）共同创立了奎利姆组织，自称这是世界上第一个反极端主义组织。[3]

除了纳瓦兹自己的努力和动机，社会力量也影响了他。他在伊扎布特的一些盟友为了各自的利益背叛了他，让他看清了他们的真面目——不是大公无私的伊斯兰教忠仆，而是自私自利、野心勃勃的人，这无意间促使纳瓦兹疏远了伊斯兰激进分子。

美国心理学家布莱恩·利特尔曾经广泛研究了"个人计划"对性格发展的意义。从根本上讲，他所说的"个人计划"就是指你在生活中期望实现的目标。他认为，如果你有足够的动力去完成对你而言最重要的计划，那么它们足以改变你的性格（即使是只在关键时刻），并帮助你实现目标。纳瓦兹的故事生动地印证了布莱恩提出的这一观点。

以纳瓦兹为例，他的新目标或许并未彻底改变他的性格（仅增强了其亲和性与开放性），但肯定将其性格发展引向了一个更积极的方向。显然，他的性格中包含强烈的外向性和尽责性，这些性格特质及其激情、内驱力和人际交往能力，都曾经被用于他的激进活动，但性格改变之后，这些因素则转而服务于奎利姆的反极端主义工作。他在回忆录中写道："如果我没有追求，那么我就一无是处。"他所说的"浪漫的奋斗"曾经推动他走向极端主义，如今这种想法虽依旧存在于他的内心深处，却推动他追求和平。

你的人生使命或许不像反击全世界的极端主义那样宏大，但如果你想改变自己，你就应该思考一下自己的主要目标和抱负如何塑造了你的性格。人生目标可以直接塑造你的性格，并让你的性格在追求目标的过程中显露出来，因此，如果你想变得更好，你可以仔细遴选生活中的首要目标。一个实用的遴选目标的方法便是进行一个简短的思维锻炼，布莱恩·利特尔称之为"个人计划分析"，具体方法如下。[4]

思维锻炼：反思你生活中的主要目标和使命

○ 写下你目前正为之努力的所有事，比如找一份新工作、学习冥想、试着成为一个更好的朋友、为慈善机构筹款、发展社会事业或减肥。

○ 聚焦于两三个对你而言最重要、最有意义的目标，逐个分析。思考以下问题，并做笔记：它们能给你带来快乐吗？它们是源于你的兴趣和价值观，还是别人强加给你的？你觉得自己在进步吗？你在和别人一起努力实现这些目标吗（而不是完全靠自己）？你的回答中的"是"越多，你就越有可能在生活中感到快乐。[5]

○ 如果你确定某些目标对你而言不太重要，是别人强加给你的，与你的价值观不符，或者给你带来巨大压力和挫折，那么你就要考虑放弃它们。

○ 如果你确定某些目标对你而言具有重大意义，而你却觉得自己没有进步，那么这很可能就是你不快乐的原因。你可以试着重新调整这些目标，让它们变得不那么遥不可及或模棱两可（比如，将"试着写一本书"的目标改为"试着每天写半小时"），或者想一想自己是否需要更多的支持、训练或个人发展（使用本书中的一些策略来改变你的性格特质，将帮助你走上成功之路）。

○ 如果你对改变性格以及自我救赎感兴趣，那就要考虑一下你的核心个人计划是否能够最充分地发挥你的性格优势，是否能够以你希望的方式塑造你的性格。比如：如果你希望自己变得更开放，那么不涉及实验、冒险、挑战或文化的核心计划就不会带来益处；如果你希望变得更随和，那么让你变得沮丧、充满怨恨、自私或让别人心烦的核心计划必将适得其反。

○ 如果你在完成这个思维锻炼后觉得自己需要一个新目标，那么不要仅停留在反思的层面，而要接触尽可能多的兴趣、想法、社会问题、话题和活动，尝试和其他人——尤其是志同道合之人——谈谈每天是什么让他们感到兴奋。人们很少会在一个神奇的顿悟时刻突然找到激情所在，所以不要急于求成。

关于自我救赎的其他故事

在许多自我救赎的故事中，都是激情或使命的力量重塑了人的性格。我们不妨看一看卡特拉·科比特的故事，她十几岁时在加利福尼亚州入店行窃，第一次违反了法律。刚步入成年期时，她对冰毒上瘾，沦为一个毒贩。在《奔跑中的重生》（*Reborn on the Run*）这部自传中，她描述了毒瘾是如何毁掉她的生活，导致她不断伤害她最关心的人的："那时我很少见到自己的家人。我每个月给母亲做一次头发，然后她会提议改天一起去吃午饭。我嘴上说着'好'，但事后就会忘掉，或者更多的时候，我根本不会出现在她的面前。"[6]当她因贩卖毒品被捕时，她的人生跌入了谷底。她在监狱里过了可怕的一夜，那天晚上，她想道："这不是我，我真的不是坏人……我必须有所改变。"

但问题是，科比特起初不知道如何改变。按照她的说法，她虽然设法远离了毒品，却没能找到让自己保持健康的"心理工具"。从她对自己生活方式的描述来看，她很可能是一个非常外向的人：她以前有很多朋友，喜欢聚会，被毒品带来的刺激和兴奋所吸引。为了让自己的人生重回正轨，她需要找到某种能满足自己外向的天性的生活方式，并将其与自己日益增强的责任感结合起来，给自己的生活带来更多克制和秩序。

如同纳瓦兹一样，自我教育在科比特性格重塑的过程中发挥了重要作用。她回到了之前就读的学校，拿到了她因沦为少年犯而未能获得的文凭。但对科比特来说，更具变革意义的是她偶然发现了一种新的生活方式：跑步。在入狱并戒毒后不久的某一天，或许是受到了她深爱的父亲（当时他已离开人世）的启发，她下意识地穿上了运动鞋，带着她的狗出去跑步了。这次跑步完全是心血来潮，她回忆说："我就这样绕着街区一直跑，感觉自己好像要死了。跑完的时候，我感到很热、很疲惫，扑通一声坐在台阶上，深吸了一口气，忽然感觉身心舒畅。我想，这感觉真是棒极了，我一路跑着，没有走，没有停，也没有休息，我只是跑着，不停地跑。这种感觉很好，于是我便决定要成为一名跑步运动员。"

有一段时间，科比特需要接受心理疏导，以克服饮食失调的问题（除了外向性之外，神经质也可能是她染上毒瘾和患上精神疾病的原因）。最终，她对跑步的热爱改变了她的性格和生活。如今，科比特是世界上最著名的超长跑运动员之一,曾经跑完了100多场"100英里(1英里约等于1.6公里)耐力赛",她和另外三名达成了同样成就的跑步运动员组成了一个精英俱乐部。[7]

跑步给她的外向性格提供了一个发泄的渠道,她说:"跑马拉松给我带来了同毒品的效果一样的兴奋,但二者有本质上的区别:跑步改善了我的生活,而毒品只会把它搞砸。"她在完全接受了这项运动之后,逐渐为自己设定了越来越艰难的挑战,从马拉松到超长跑,她的生活有了一种组织性,她需要这种组织性来增强自己的责任感,并削弱情绪的不稳定性。这是我在第二章中描述的"社会投资理论"的一个完美现实例证。她在自传中写道:"我总是在为某个目标而接受训练,我对我的人生有了规划,我得到了自己想要的东西。"

诸如跑步这样的个人计划有一个特别的优势:它可以很容易地发挥里程碑的激励力量。当你面临重大挑战时,比如学习一门新语言或寻求救赎,若要取得显著进展,你要付出巨大的努力,而且很容易遭遇挫折,但跑步和类似的简单活动则很容易让你看到可衡量的进展(你可以根据距离衡量,比如你首次跑完了5公里或半程马拉松就是一个明显的进展,你也可以根据你跑了多少次衡量)。取得这些里程碑式的进展之后,你可以奖励一下自己,这是强有力的激励。正如商业学者奇普·希思和丹·希思在《打造峰值体验》①一书中解释的那样:"里程碑定义了那些可以征服的、值得征服的时刻,这样做有助于我们冲向终点。"[8]

---

① 《打造峰值体验》一书已由中信出版社于2018年出版。

只要具有足够的想象力和毅力，无论你的目标是什么，你都可以采取这种衡量进展的方法。比如，你可以通过写日记记录下你取得的所有成就，无论多小的成就，都记录下来。至于具体的目标，比如学习一门语言，或者更宏大的目标，比如自我救赎，你也可以记录下一些重要的时刻，比如你首次用西班牙语点餐，或首次纯粹出于利他的原因去帮助别人。记录自己的进步并奖励自己，有助于激发另一种内在动力——真正的自豪感。这种自豪感不同于傲慢，因为它建立在对自己努力的成果感到满意的基础之上。真正的自豪感会给你带来很美好的感觉，一旦你尝到了它的滋味，你就会渴望更多，从而推动你向目标迈进。

尼克·亚里斯在宾夕法尼亚州长大，他少年时期非常任性，患有冲动控制障碍。10 岁那年，他第一次喝啤酒，之后就没停过。14 岁时，他每天都在酗酒和吸毒。15 岁时，他为满足日益严重的毒瘾而盗窃，因此首次被捕。1981 年，他的生活完全脱轨了，当时他 20 岁，因为闯红灯被交警拦下。他在回忆录《13 的恐惧》(*The Fear of 13*) 中写道，那名警察非常粗暴，他们扭打了起来，接着那名警察的枪不小心走了火。[9] 亚里斯被吓到了，只好放弃抵抗，但这位警察却依然很不满，用无线电呼叫支援，大声喊道："开枪了！"这引发了一连串事件，导致亚里斯被指控企图谋杀警察。

事已至此，似乎不可能更糟了，但亚里斯为了扭转形势，想出了一个主意，声称自己知道当地一宗未侦破的谋杀案背后的罪犯。最后，这个计划适得其反，他不仅被指控谋杀警察未遂，还被指控强奸和谋杀一名当地妇女。在随后的审判中，他被判有罪，为了并非由自己犯下的罪，他不得不在死囚牢房中度过了22年的可怕的日子。

你可能以为这样的生活会把一个有反社会倾向的罪犯变成一个复仇的怪物。事实上，亚里斯是正派和人性的典范。2017年，他出版了《善良之道》（*The Kindness Approach*）一书，描述了如何将怨恨和愤怒转化为宽恕和同情。[10]

亚里斯是如何实现这一转变的呢？他的救赎故事与纳瓦兹和科比特的故事存在相似之处：他在监狱里重建了自己的生活，利用自己的成瘾人格进行自我教育，并坚持不懈地为自己洗刷罪名，最终推翻了法庭对他的错误判决。他成为宾夕法尼亚州第一个通过基因检测被证实无罪的死囚。

在狱中，自证清白成了亚里斯的新使命，这帮助他完成了自我救赎和性格转变。他在被释放后，成功地发挥自己的能量和热情，开启了富有善意的生活。这在一定程度上是因为他受到了母亲的启发，母亲告诉他，来之不易的自由意味着他有责任以礼貌和尊重的态度对待别人。他在《13的恐惧》中写道："这个建议触动了我的心弦，每一天，我都非常努力地让自己变得积极向上，向生活中倾注了大量乐观的能量和善意，这使我完全改变了自己对人生的观念和生活方式。"

救赎的障碍

纳瓦兹、科比特和亚里斯的救赎故事有着相同的关键特征：改变人生的经历（比如入狱）、自我教育、发现新使命，以及他人带来的灵感和鼓励。

这些救赎故事是否意味着罪犯、骗子等所谓的"坏人"有改变的希望呢？实际情况没那么乐观，因为许多这样的人并没有自我改变的本能或意愿。此外，监狱里面的体验往往不是积极的，不会促使囚犯实现有益的性格改变，反而可能起到反作用。指望监狱帮助囚犯实现神奇的性格改变，或指望囚犯的亲友对其产生强烈影响，都是不现实的。

然而，改变性格、实现救赎的最大障碍可能是许多人不愿意改变，也没有理由去尝试。许多罪犯非但不愿意改变原来的性格，恰恰相反，他们具有独特的思维惯性，这导致他们会为自己的行为辩护，从而增加了他们未来再次犯错或犯罪的可能性。

这种认为罪犯有自己独特的思维方式的观点至少可以追溯到20世纪90年代，当时临床心理学家格伦·沃尔特斯开发了一项很有影响力的测试——犯罪思维方式心理测试（PICTS）。这项测试要求参与者对80条描述做出"同意"或"不同意"的评价，部分描述见下表：[11]

你会像罪犯一样思考问题吗？

	同意	不同意
我有时会看到或听到别人看不到、听不到的东西		
我的行为方式没有任何问题		
社会是不公平的，我的处境导致我除了犯罪之外别无选择		

续表

	同意	不同意
我喝酒是为了更容易打破规矩		
我以前受的惩罚已经够多了，我应该休息一下		
失去控制力让我感到不舒服，我更喜欢控制别人		
我从来没被抓到过，未来我为所欲为时可能也会免受惩罚		
我经常拖延		
我经常由于嗑药或犯罪而放弃安排好的社交活动		

这些描述旨在挖掘犯罪思维的不同维度，包括困惑、防御、自我安慰（为不良行为辩护）、消除内疚及其他感觉（利用酒精和毒品让自己更容易犯罪）、特权意识、权力导向、过度乐观、懒惰，以及不连续性（无法完成计划）。如果你发现自己同意表格中的很多描述，则意味着你倾向于以罪犯的方式思考问题。但请放心，完整版的测试要长得多，也要深入得多，而且要结合一个人的背景和实际行为才能得到较为准确的测试结果。

很不幸，具有犯罪人格和犯罪思维的人一旦被关进监狱，监狱环境中的某些方面就会对他们的人格产生不利影响，使问题复杂化，这些影响包括：长期丧失自由选择，缺乏隐私，日常遭到羞辱，经常感到恐惧，需要一直戴着面具佯装强大，时刻保持情感淡漠（以免被他人利用），而且还要日复一日地遵守外部强加的严格规则和日程安排。剑桥大学犯罪学研究所的研究人员对数百名囚犯的访谈也表明，长期监禁会导致自我意识发生根本改变。[12] 一些专家将性格对监禁的深度适应称为"监狱化"。[13]

即使是短暂的监禁也会对性格产生影响。2018 年，荷兰心理学家对 37 名囚犯进行了两次测试，间隔 3 个月。在第二次测试中，囚犯表现出更强的冲动和更差的注意力控制能力，这些变化表明囚犯的尽责性有所降低。研究人员将其归因于人们在监狱中自主性的丧失以及复杂的认知挑战。[14]

即使在囚犯被释放后，不良的性格变化也可能作为一种"后监禁综合征"而持续存在，导致他们很难重新融入社会。心理学家曾经采访了波士顿 25 名被判无期徒刑的人，发现他们已经形成了各种制度化的性格特质，尤其是不信任他人（亲和性低的关键表现），这类似于他们形成了永久性的偏执。[15]

然而，罪犯也不是全无希望，如同科比特、纳瓦兹和其他人的故事一样，监禁经历的某些方面有时也会对性格产生有益的影响。比如，瑞典 2017 年的一项研究将戒备等级最高的囚犯的性格特质与包括大学生、狱警在内的各种控制组进行了比较（迄今，只有少数研究运用大五人格特质去研究囚犯的性格变化）。你或许能够猜得到，这些囚犯在外向性、开放性和亲和性方面得分较低，但他们在尽责性方面，尤其是秩序和自律方面得分较高。[16] 研究人员认为，这可能是囚犯做出的积极、主动的适应性性格调整，他们增强了自己的责任感，以适应存在严格规则和规定的监狱环境，避免陷入麻烦。

像纳瓦兹和亚里斯这样的曾经遭到监禁的人，成功地利用身陷囹圄的时间，以有益的方式重建了自己的性格。他们充分利用了监禁的积极影响，同时遏制或尽量减少监狱的不良影响，他们还通过自我教育消除了原有的罪犯式思维方式。

幸运的是，有证据表明，一些结构化的精神康复方案，比如认知自我改变干预，通过鼓励罪犯反思和直面引发犯罪的思想和信念，可以产生类似的效果。这些思想和信念包括：有些罪犯认为生活本来就不公平，因此自己伤害别人是合理的；还有人认为如果别人在众目睽睽之下显露了自己的财富或没有保护好财产，那就是别人有错在先，自己抢劫也是合理的。[17] 这些精神康复方案还会传授一些生活技能和基本行为规范（比如守时和礼貌），以便罪犯能更好地处理人际关系、精神压力和债务等问题，而避免诉诸犯罪（这个过程会提高罪犯的尽责性和亲和性，削弱其犯罪思维）。[18]

2016 年，认知自我改变干预的创始人之一杰克·布什在接受美国国家公共广播电台采访时表示："我一次又一次地看到了真正的性格转变。"[19] 布什举了一个例子。他认识一个名叫肯的罪犯，肯曾经的目标是成为有史以来最坏的罪犯，但通过"认知自我改变计划"，他开始意识到自己犯罪行为背后的思维习惯。他后来告诉布什，这促使他制定了一个新的目标：做一个值得尊敬的人。布什表示："虽然肯在出狱后的 20 多年里生活艰难，但他一直是一个坚持纳税的守法公民，是一个值得尊敬的人。"

其他精神康复计划采取的具体方法略有不同，比如针对囚犯扭曲的道德准则对其进行道德重建。当具有反社会人格的人面临道德困境时，他们倾向于采取实用主义的视角。[20] 换句话讲，他们会单纯地以一种算计的方式来衡量事物，不会倾注个人感情，只是根据自认为合乎逻辑的理由为自己的犯罪行为辩护。[21] 在针对道德的康复计划中，最著名的就是"道德重建疗法计划"。该计划借助认知行为治疗的原则去培养罪犯的道德感,比如鼓励他们更多地考虑后果,挑战不道德的信仰和思想,教给他们更高级的道德准则。[22]

在帮助罪犯改善性格这件事上,我们有充分的理由保持乐观,但我们决不能盲目自满,因为一些出于善意的干预措施,包括让人参加基于严格规定和严酷体力活动的训练营,已被证明是有害的。最臭名昭著的例子可能是"剑桥–萨默维尔青少年研究",该研究于1939年在波士顿附近的城镇启动。在该研究中,每个行为不良的青少年都会被分配一位成人导师,这些导师的作用是持续关注他们,鼓励他们发展积极的性格。但事实上,与对照组的人相比,实验组的人表现反而更差,有人甚至犯下了更严重的罪行。(有几种理论可以解释为何发生这种情况,其中一种认为这是因为实验组的青少年之间会相互误导。)[23]这些令人失望的结果提醒我们,虽然积极的性格改变是有可能实现的,但这个过程很不容易,人们很有可能走弯路。仅仅依靠善意和似是而非的计划是不够的,采用循证的方法才更为重要。

也许性格改变的最大障碍是许多罪犯没有改变的动力,拒绝参加性格干预计划,或参加后不久就退出。他们没有任何改变的愿望,没有这种愿望,就没有什么希望。为了直面这一挑战,南卡罗来纳州查尔斯顿的一个颇具开创性的非营利项目——"翻篇儿计划"(Turning Leaf Project)采取了一种不寻常的方式:每周付给前罪犯150美元,请他们参加每天3小时的认知行为治疗课程,以扭转他们的犯罪思维方式,每人至少要参加150个小时的课程。然而,只有约35%的人完成了课程。一个好消息是，根据 Vice 杂志的报道，在完成课程的人里面，无人再次被捕。[24]

心理健康问题得不到治疗是阻碍囚犯改造的另一个因素。[25] 比如，抑郁症在囚犯群体中的发病率大约是普通人群中的 3 倍，男性囚犯的自杀风险是普通人的 3 倍，女性囚犯的自杀风险是普通人的 9 倍。如果没有得到适当的治疗或其他支持，这些心理健康问题可能对他们的性格改造意图产生不利影响。

囚犯是否有反社会人格障碍也直接影响成功改变性格的概率。[26] 换句话讲，要把他们的犯罪思维和行为习惯视为一种心理障碍，虽然这是一种极其严重的持久性障碍，却是能够治疗的。[27] 许多人认为，如果囚犯有更极端的精神病态人格，则不可治愈或不可改变，但这种看法存在争议。[28]

尽管超过 40% 的囚犯被认为有反社会人格障碍，但精神病态者却少得多。所有的精神病态者都有反社会人格障碍，反之则不然。[29]（我将在下一章更详细地介绍精神病态者。）

总的来说，纳瓦兹、科比特、亚里斯等人的自我救赎故事，以及针对罪犯的精神康复研究的发现，都提供了一个充满希望的、与本书主要观点一致的信息：性格是可塑的。只要有正确的态度、足够的动机和他人的支持，一些坏人，包括那些曾经犯罪和伤害别人的人，的确可以实现有意义的、积极的性格改变。如同他们自己找到一个深刻的人生使命或目标一样，为他们提供适当的教育，或者他们的自我教育，往往也具有关键作用，可以帮助他们实现积极的性格改变，不断走向光明。

好人也有变坏的时候

可悲的是，除了坏人变好，还有许多关于英雄变成怪物、性骚扰者、强盗和骗子的故事。兰斯·甘德森就是这样一个例子，他出身卑微，由单身母亲抚养长大，跟随继父的姓氏，改名为兰斯·阿姆斯特朗。他曾患有睾丸癌（甚至扩散到了肺部、胃部和大脑），后来却实现环法自行车赛七连冠，创造了该赛事历史上前所未有的奇迹。他曾创立了一个名为"坚强生活"（Live Strong）的慈善机构，为癌症患者筹集了数亿美元。兰斯战胜逆境的故事激励了一代人，这让《福布斯》杂志称他为"俗世的耶稣"。[30] 后来，经过美国反兴奋剂局（USADA）的长期调查，他承认自己的所有冠军都是通过服用禁药获得的。英国《星期日泰晤士报》称其为"骑行恶魔"，[31] 他不仅被指控犯下严重的欺诈罪，而且由于多年来否认自己服用禁药的事实，人们还谴责他撒谎和恃强凌弱。[32]

政坛也存在类似的故事：有些政客看似正直，却变得肮脏和腐败。想一想曾经的美国副总统候选人、前参议员约翰·爱德华兹，他曾被视为民主党道德高尚的典范，却在妻子患上癌症时有了婚外情，并撒谎掩盖这一丑闻。还有前国会议员安东尼·韦纳，伦敦《泰晤士报》将其描述为一位"傲慢而聪明的"、冉冉升起的政治明星，他的婚礼由时任总统比尔·克林顿主持，后来却因为向一个15岁女孩发送猥亵照片而锒铛入狱。[33]

具有传奇色彩的美国体育和演艺明星辛普森被指控谋杀妻子和她的朋友，后来又因武装抢劫和绑架而入狱。曾经颇受欢迎的澳大利亚儿童节目主持人罗尔夫·哈里斯在2014年因性侵青少年粉丝而入狱。英国电视和广播名人吉米·萨维尔（Jimmy Saville）的故事或许最令人不安。他生前曾因儿童娱乐和慈善事业而备受赞扬（据说他通过慈善活动筹集了数千万美元），但死后却被指控强奸了数百名受害者，其中包括多名儿童。

很多故事都生动地讲述了好人变坏的故事。比如，电视剧《绝命毒师》中的沃尔特·怀特从勤奋的化学老师变成了冷酷的制毒犯和杀人犯。然而，在现实生活中，人的性格很少像小说中描述的那样非黑即白。尽管阿姆斯特朗、萨维尔、爱德华兹等人的悲剧反映了人性的脆弱和残酷，但他们的故事并不能说明人的性格会在突然间直接发生剧变。在很多情况下，虽然名人的暗黑性格在被揭露之后令外界深感震惊，但实际上，他们虽然多年来在表面上做着看似高尚、令人称赞的事，背后却一直从事不法行为。

这些人的性格转变过程并不剧烈，而且正是转变之后的性格促成了他们的成功。比如，很多人在决定做一件事情之后就会一意孤行，甚至有些傲慢，这种性格一旦利用不当，其消极影响就是助长这些人的犯罪和越权行为，比如无耻狡诈地撒谎和欺骗，或为了一己之私去追求性和权力。试想一下，如果这些倒下的名人从一开始就有更好、更有韧性、更随和、更无私的性格（从性格特质来讲，即在亲和性方面的得分更高），那么他们就不太可能取得成功或站上权力的巅峰。因此，与其将这些令人遗憾的故事视为性格剧烈变化的案例，不如将其视为一心追求成功的人被判断力或意志力造成的灾难性错误（源于较低或暂时减弱的尽责性）改变。在他们犯下一个错误之后，一切便失控了。

有一种说法认为，至善之人也会堕落为至恶之人，但我认为，这种说法其实过于简单化，因为作为人类，我们每天都面临着短期冲动和低级欲望同崇高道德和长期抱负之间的斗争。请诚实地反思一下自己的生活，即使你觉得自己大部分时间都是一个道德高尚的人，你也可能会回忆起自己做过一些令你汗颜之事。比如，你在因为工作受到嘉奖时，内心或许感到一丝愧疚，因为你想起自己在找工作时给简历注水了。再比如，当你的配偶注视着你的眼睛，感谢你对他（她）的爱和支持时，你内心或许会因前一天与同事调情而暗自惭愧。

对于倒下的名人和政客来说，同样的斗争也在不断上演，但形式可能更戏剧化、更夸张，并展现在了公众面前。才华和野心使他们到达了一个巅峰，但令人眩晕的高度也伴随着更大的诱惑，比如，他们能够不受约束地获得大量金钱、酒精、毒品和性，而且有机会为了满足眼前私欲或追求更大的成功而欺辱、引诱和操纵易受影响的粉丝及其他人。

与此相关的一个心理学证据是，一旦某人对别人拥有控制权，则可能导致他以一种"非人化"视角去看待别人，将别人视为被操纵的工具，而非有血有肉、有感情的个体。心理学家推测，在某些情况下，这种效应有助于人们适应自己当时所处的情境，比如有助于政要在棘手的情况下做出决策，包括权衡一个群体的生命与另一个群体的生命孰轻孰重，也有助于外科医生在给别人做手术时营造必备的心理距离。

但这就给我们提出了值得深思的问题：为什么萨维尔等人竟然能

连续多年持续犯下如此严重的罪行？如果他们真是好人，为什么不让自己回到正轨呢？他们的人格和道德似乎被一种有毒的思维方式腐化，他们为自己的行为辩护，就像普通罪犯借助扭曲的逻辑和理由去为自己辩解一样。比如，这些堕落的名人可能告诉自己，自己吃了很多苦、付出了很多努力才获得成功（在很多情况下，他们的确由于多年的努力和无私的行为而受到称赞），因此他们理应满足自己更多私欲。

或许可以用"自我纵许"（self-licensing）这个概念去解释这些人由好变坏的情况。你也许也曾经用一种比较常见的方式尝试过"自我纵许"，比如在一整天特别紧张的工作结束之后，奖励自己一杯葡萄酒，或者在健身房完成一次艰苦的训练之后，允许自己临时打破一下饮食规则，奖励自己一块儿甜点。顺着这个思路想象一下，这些曾经出类拔萃的人或许会想，自己已经为体育或艺术奉献了这么多年，因此理应获得某种自由或回报。

心理学家大卫·德斯迪诺和皮尔卡罗·瓦德索洛在其合著的《性格解析》（*Out of Character*）一书中推测，"自我纵许"或许能够解释另一起臭名昭著的事件，这个事件导致纽约州前州长艾略特·斯皮策沦为了"道德伪善的典范"。[34] 他曾经不知疲倦地与腐败和卖淫做斗争，包括制定和实施严格的打击卖淫的法律，加大对有偿伴游服务的指控。但后来，他竟被证实为纽约伴游公司"帝王俱乐部"的常客。德斯迪诺和瓦德索洛写道，自我纵许或许是"斯皮策之所以决定放纵自己的部分原因，毕竟，他在打击腐败的斗争中取得的胜利，不就在某种程度上给他从不道德行为中获取乐趣提供了许可吗？"

那些曾经看似善良的人在日常生活中的转变也会经历同样或类似的过程：先是放松自我控制，随后进行自我辩护。比如，曾经很顾家的丈夫和年轻女同事私奔了，他却说服自己应该为自己而活。再比如，诚实勤奋的员工在升职愿望遭到打击之后，开始从公司揩油，然后利用自己所谓的"不公平感"说服自己这是自己应得的。

当欲望、怨恨和其他强烈情绪导致你的行为背离自己的性格时，这有时会进一步影响到你所处的环境、对事情轻重缓急的看法，以及看问题的视角，从而导致你的性格发生更持久的改变。比如，出轨的丈夫无法得到配偶的原谅，离开了家庭，辞去了工作，和他的情妇一起搬走了，变成了一个不那么讨人喜欢、不那么认真的人，并对他的其他社交关系产生了更多不利后果。再比如，被冷落的员工最终会失业，变得越来越痛苦、孤立、沮丧，在此过程中，他的外向性和尽责性降低，最终导致职业生涯的下滑。

无论何时，如果你屈服于诱惑，感到自己的性格变得越来越糟——比如在工作中作弊，或者以牺牲他人为代价追求自己的快乐，那么你就要当心了，你需要从一些不光彩的堕落故事中吸取教训。在这类故事中，人们往往先欺骗自己，编造各种合理化的理由，给自己心理暗示，让自己相信自己的做法是合理的，最终导致了堕落，之后他们又为自己的所作所为辩护，试图掩盖自己的错误。要打破这个循环，最好是从一开始就承认你的错误——诚实地承认错误是改正错误的第一步，也是防止自己再次犯错的第一步。要做到这一点，你可以回想一下纳瓦兹、科比特等人追求自我救赎故事，并思考如何通过建设性方法去引导和满足自己的个性和抱负。

很多名人的堕落故事的开端，都是这些曾经的英雄为了追求性、权力或更大的成功而屈服于形形色色的诱惑。然而，还有另一种形式的诱惑可以把好人变成坏人，它更加理性和哲学化：人们被危险的意识形态腐蚀，而后走向极端。在某种程度上，这也是人们落实"个人计划"的过程，只是这些计划令他们道德败坏，与纳瓦兹和科比特令人振奋的故事恰恰相反。有害的思想、信仰、野心会腐蚀人的性格，降低人的亲和性、开放性和外向性。

在面对政治或宗教问题时，人们的性格往往呈现出令人不安的变化，变得非常激进。在解释这一现象时，大多数心理学理论都认为，这不是因为他们之前潜伏着的精神病态或其他精神疾病忽然发作了（几乎没有证据表明暴力激进分子更有可能罹患精神疾病），而是因为他们看问题的视角和忠诚度发生了改变。通常来说，这是因为他们在自己所处的群体中被灌输了一些新的、颇具吸引力的世界观，获得了新的身份认同，与他们内心的委屈和不公产生共鸣，致使他们逐步走上一条黑暗的、错误的道路。

因此，即使曾经的"普通人"从好人变成坏人，或者变成暴力极端分子，这也不是一蹴而就的，而是一个日积月累的过程。他们受到诱惑，走上了一条黑暗的道路，并相信为了某些更高的目标，这条道路在道德层面具有合理性。比如，一个激进的传教士可能会告诉人们，他们要想获取更大的利益，就必须采取暴力行动。在这种情境下，最重要的是先改变思维和信念。随着这些人变得越来越激进，他们的性格也会随之改变，这让他们能够为自己日益暴力的性格和随后的犯罪行为辩护。

要引导这些人远离激进主义，最有效的方法似乎不是先扭转他们负面的性格，而是直面他们扭曲的信仰，还有一些人认为，必须先消除这些信仰根植的社会不公现象。最近，针对一些关于堕落的心理学实验的重新解读也证明：当曾经的好人开始做坏事时，这种明显的性格变化并不是因为他们内心忽然出现了某种潜在的邪恶因素，而是因为他们的信仰扭曲了，开始相信自己不道德的行为是为了追求某个合理的宏大目标。[35]

我曾说过，那些表面上看似可信、无私的人也会变坏。这个过程通常不是始于性格的转变，而是始于一次或多次错误地运用判断力或意志力，这会使他们进而自我辩解和逃避，引发负面连锁反应。在此过程中，他们看问题的视角、信仰以及对事情轻重缓急的判断发生了深刻变化，扭曲了他们的道德观，促使他们采取一种容易诱发犯罪的思维方式，并基于某个所谓的高尚理由，或为了追求某种扭曲的权力，为自己的不良行为进行辩护。

当然，故事并非到这里就结束了。如果坏人也能变好，那么有些好人变坏之后，也没有理由不能变回一个好人。看看泰格·伍兹的自我重塑就知道了。

我在第一章提到，一些心理学家认为五大性格特质并未完全涵盖人类所有的性格，另外还存在三类反社会性格：自恋、马基雅维利主义和精神病态。许多形象崩坏的偶像可能一直都隐藏着这些暗黑的性格特质。事实上，这些性格特质在最终导致他们陷入麻烦之前，反而有可能对他们在某些方面的成功产生了积极影响。比如，声名狼藉的政客约翰·爱德华兹将自己的过错归咎于自恋，他在接受美国广播公司新闻频道采访时表示:"我的经历导致我聚焦自我,以自我为中心,而且自恋,让我相信自己可以做到任何想做的事,战无不胜,而且不用承担任何后果。"[36]

许多评论员同样将堕落的体育界偶像兰斯·阿姆斯特朗称为自恋者,而其他人则更进一步,根据他多年来恃强凌弱、撒谎,甚至在承认作弊后仍继续自我辩护的事实,推测他可能是一个精神病态者。[37]

在下一章,我将详细探讨这些暗黑性格特质,带领读者看看具有这些特质的人是否可以实现精神康复,以及我们是否可以从他们对待世界的方式中汲取教训,避免养成暗黑性格。

改变性格的十个可行步骤

降低神经质水平

- 避免消极的自我暗示,即不要抱有非黑即白的想法(比如,不要因自己在面试中某个方面的表现不佳而认为整场面试的表现极度糟糕);不要给自己设定无法企及的标准(比如要求自己永远保持诚实或机智);避免以偏概全(比如,不要因为自己犯了一个小错误就责备自己是个完全不合格的妈妈)。你要挑战上述思维模式,学会关怀自己。

- 反思消极情绪的目的是什么,以及它给你带来了什么。比如,内疚和羞愧会激励你变得更好,悲伤可以提高你对细节的关注。研究表明,身心健康的人不一定会经历更少的负面情绪,但他们更善于接受和调整负面情绪。

增强外向性

- 你可以下载一些发布有同城社交活动的应用程序，并在下周参加一个自己感兴趣的活动。如果你对自己有信心，不妨亲自组织一场活动，邀请其他人加入。

- 通过参与竞技类体育运动、游戏，阅读令人兴奋的书籍，或观看电影和戏剧使自己习惯于肾上腺素增加的感觉和兴奋感。内向的人对这些事情更敏感，但如果你习惯了通过有趣的活动获得更高水平的刺激，你会发现社交活动和其他外向的冒险活动其实并不是太大的挑战。

增强尽责性

- 智能手机上面的社交媒体以及无休止的消息通知会大幅降低你的工作效率。你可以利用一些自律类应用程序给自己一段有利于提高专注力的时间。比如，利用这些应用程序在一段时间内切断互联网，同时，给自己制定一些简单的规则，比如每两个小时检查一次邮件。

- 如果你想过一种更有秩序、更自律的生活，那么从一些基础的事情做起往往会有所裨益。比如，开始注意自己的外表，你会觉得自己的控制力和专注力有所提高。甚至有一种说法叫"穿衣认知"，即你穿的衣服会影响你的思维模式。如果穿着得体，你会感觉自己更专业，表现也会更好。

增强亲和性

- 如果你是一个领导，那么你要少支配下属，更关注他们的需求，关注如何为他们提供支持和树立榜样。这是一种变革型或威望型领导风格（与交易型和支配型领导风格相反），如此一来，你的下属会更尊重你。
- 在接下来的一周，你要更有策略地考虑自己所处的环境、你的公司，以及你接触的媒体信息。研究表明，高度亲和的人之所以热情友好，一个原因是他们避免让自己暴露在冲突和消极环境之中。

增强开放性

- 每周抽空完成填字游戏和数独之类的益智游戏，有助于建立你对自己智力的自信，从而鼓励你接受新思想并探索新知识。
- 可能的话，每周至少进行两到三次有规律的锻炼，保持良好的身体素质。如果你对自己身体的各种能力抱有信心，那么这会鼓励你尝试新活动和探索新地方。

第七章 暗黑性格的教训

2017年9月20日,"玛丽亚"飓风登陆波多黎各,这是大西洋历史记录中最强的飓风之一。时速160多公里的狂风以及超强降雨摧毁了整个波多黎各地区。次年,哈佛大学发表了一项研究,估算这场灾难造成多达8000人死亡,包括医疗服务缺失等间接因素导致的人员死亡。[1]

然而,2017年10月4日,美国总统唐纳德·特朗普在访问波多黎各时,却对受害者们说,他们应该为没有经历过"'卡特里娜'飓风那种真正的灾难"而"感到庆幸"。"你们现在的死亡人数有多少?"他问道,"17个人吗?只有16个人经过了确认,这与'卡特里娜'飓风导致的数千人死亡相比不算什么。"[2] 在波多黎各首府圣胡安市的另一场活动中,他被拍到微笑着向人群扔纸巾,就像扔派对礼物一样。许多人对总统明显缺乏同情心的无礼行为感到震惊。不管动机是什么,他似乎没有意识到他的手势和措辞可能会招致受害者的反感。圣胡安市市长卡门·科鲁兹称扔纸巾事件"恶劣且可恶"。[3]

特朗普缺乏同理心的问题在其任职期间频繁出现,甚至成了一种行为模式。"玛丽亚"飓风过后不久,他因未能给因在尼日尔遭遇伏击丧生的四名美国特种部队士兵的家属打电话而受到指责,引发更多争议。后来,他给阵亡士兵拉·大卫·约翰逊的遗孀打电话时,再次被批评缺乏同理心,因为他不仅在电话里叫不出这位士兵的名字,还说出"他知道当兵意味着什么"这种令人伤心的话。[4]

我们不知道特朗普当时在想什么,他或许真的无意冒犯别人。时任白宫幕僚长、海军陆战队四星上将约翰·凯利在为自己的"老板"辩护时说,他曾建议特朗普说阵亡士兵一直在做他们热爱的事情。[5]但从性格角度来看,特朗普不只是缺乏同理心。当他面对媒体的批评为自己辩护时,他采用了特有的毒辣行为风格,这种风格的典型特征就是自我夸大、极端敏感,以及争强好胜地贬低别人。

鉴于特朗普的这类行为频繁出现,许多心理学家和精神病学家认为他具有高度自恋的性格。[6]"自恋"(narcissism)一词来自希腊神话中的一个非常喜爱自己倒影的人物纳西索斯(Narcissus)的名字。自恋性格与缺乏同理心存在联系,加上表面上的虚张声势和浮夸,它们共同掩盖了一种根深蒂固的不安全感。

自恋是黑暗三联征——三大暗黑性格之一,其他两个是马基雅维利主义和精神病态。这三大暗黑性格与之前提到的五大性格特质存在一定的关联,因为它们都是由一些共同的、更具体的特质或子特质组成的(请参考表7-1)。事实上,一些专家怀疑是否真的有必要另外再总结出来三个特征去概括人类性格的本质。还有人建议在五大特质中再增加一项，将其称为 H 因素或"诚实 - 谦逊性"（Honesty-Humility），认为如果一个人在这项性格特质上的得分低，则表明他具备三大暗黑性格。

表 7-1　三大暗黑性格及其与五大性格特质的关系

	子特质	与五大性格特质的关系
自恋	特权感、虚荣心强、盲目相信自己的领导能力、表现欲强、自大、控制欲强	亲和性低、外向性高
马基雅维利主义	愤世嫉俗的世界观、善于操控、缺乏同理心	亲和性低、尽责性低
精神病态	流于表面的魅力、肆无忌惮地主导别人、缺乏同情心、容易冲动和犯罪	低神经质、亲和性低、尽责性低、外向性强

在本章中，我将阐述自恋者和精神病态者潜藏的心理状态，并试着从那些利用暗黑性格取得成功的人身上总结一些经验和教训（毕竟，特朗普之所以能够成功当选美国总统，其暗黑性格起到了一定作用），并分析拥有这些性格特质的人是否有可能改变自己的性格。

对于马基雅维利主义，我只会做一个简要的介绍。这是一种以 16 世纪的意大利政治家尼可罗·马基雅维利之名命名的性格特质。他认为目的能为手段辩护，包括撒谎和背叛。坦率地说，在马基雅维利主义这一特质上得分高的人往往是控制欲强、诚信缺失、自私自利的混蛋，他们笃信诸如此类的信条："每分钟都有傻瓜出生。""确保你的计划只对你有好处，让别人无利可图。"自恋者和精神病态者往往在马基雅维利主义上得分很高。[7]事实上，一些专家质疑这是否真的能算得上一个独立的性格特质。[8]因此，我不会进一步探讨马基雅维利主义，而是将重点放在我们中间的自恋者和精神病态者身上。

你是一个自恋者吗？

一般而言，男性比女性更自恋。自恋者更爱自拍，也更倾向于在社交媒体上关注其他自恋者。[9]根据第一章提到的五大性格特质来看，自恋者往往具备高外向性和低亲和性（见表7-1）。

回想一下：你在大学读书期间是否经常逃课（或者，你现在是否经常翘班）？你是否经常骂人，并使用很多与性有关的措辞？如果是这样，那么这可能代表你具有自恋倾向。这些都是与自恋相关的学生的日常行为，一项连续4天对他们的行为进行录音的研究证实了这一点。心理学层面的解释是，自恋者更有可能逃避上课或工作，因为他们有较强的特权感，此外，他们通常使用更多与性有关的语言，因为他们更倾向于滥交。[10]

就连你的自我展现方式也能透露你是否具有自恋倾向。一项研究发现，男性自恋者更倾向于穿整洁华丽的衣服，而女性自恋者则更倾向于化妆，并穿着暴露。[11]签字时习惯把自己的名字写得很大，显然也透露出自恋倾向。[12]同样，留有浓密的眉毛也是自恋的一个标志。[13] 不可否认的是，这些迹象都比较粗略，可能会错误地将很多人归入自恋者的类别。为了更科学一些，你可以试试以下这份简短的自恋倾向问卷。[14] 在每句话之后，尽可能诚实地给自己打分，分值范围为 1 分（非常不同意）到 5 分（非常同意）。如果你既不同意，也不反对，那么就给自己打 3 分。

人们认为我是天生的领导者。　　_____

我喜欢成为大家关注的焦点。　　_____

没有我，很多集体活动都将变得很无聊。　　_____

我知道我很特别，因为每个人都这么说。　　_____

我喜欢结识重要的人。　　_____

如果有人称赞我，我会很高兴。　　_____

我经常被人拿来和名人做比较。　　_____

我是个有天赋的人。　　_____

我一定要得到自己应得的尊重。　　_____

总分：_____

把上述 9 项的评分加起来，然后除以 9，就可以看出你有多自恋了。为了了解自己的得分是否正常，你可以将自己的分数与数百名完成该测试的大学生的平均分（2.8 分）进行比较。（关于大学生的平均分是否能代表人们的普通水平尚存争议，但这里暂且不谈。）如果你的分数略高于或低于学生的平均分，这没什么大不了的，但如果你的平均分高于 3.7 分，那么你可能比大多数人更自恋。如果你的平均分高于 4.5 分，那么，我可以这么说：你竟然没有去盯着镜子孤芳自赏或在社交媒体上发自拍照，而是在读这本书，我深感惊讶。

你周围的人怎么样呢？对于你那爱吹牛的朋友或你那浮夸的姐姐，如果你怀疑他们自恋，又觉得自己无法说服他们做测试，那么你可以试着问他们一个问题：你在多大程度上认同你是一个自恋者的说法？（请注意，"自恋者"这个词的意思是以自我为中心，过于关注自我，且虚荣心强。）对数千人进行的研究表明，他们对这句话的认同程度，与他们在关于自恋的综合问卷（该问卷包含 40 道题目）中的总分具有高度相关性。[15]

换句话说，如果你想知道某人是不是自恋者，那么就试着直接问那个人。事实上，大多数自恋者并不因自恋而感到羞耻，反而会感到自豪，这或许是因为这是他们宣称自己与众不同的一种方式。（注意提问的方式，你要问"你是一名自恋者吗？"，而不能问"你自恋吗？"。前一个问法会让潜在的自恋者更有可能诚实地回答，因为这样他就有机会承认自己有一个特殊的身份，而不是承认一个关于自恋的描述，而第二种问法甚至可能会让他认为你在不加掩饰地讽刺他。）

自恋的利与弊

人们对特朗普当选总统的利与弊存在分歧，但有一点争议较小，即他为人们提供了一个非常明显、戏剧化的案例，供人们研究自恋型人格，包括自恋的成本和收益。毋庸置疑的是，特朗普像明星一般频频在电视上亮相，而且取得了巨大的商业成就，并登上了世界最高职位，这表明他的自恋性格肯定具有某些优点。最明显的一点或许是，像他这样的自恋者随时准备并愿意抬高自己，甚至不惜贬低别人。

回想一下 2017 年 10 月 16 日那场新闻发布会。在与阵亡士兵家属的电话引起众怒后不久（又或许他根本没有打过这通电话），特朗普迅速发起反击，在这场发布会上，他错误地声称奥巴马和其他总统从来没有给遇难者家属打过电话。几天后，他告诉记者："我是一个非常聪明的人……每个人（即记者联系到的那些家庭）都对我说了令人难以置信的好话。"他还说："没有人曾赢得比我更多的尊重。"他指着自己的头补充，"这是我一生中最美好的回忆之一。"他进一步声称，竟然有人说他忘记了拉·大卫·约翰逊的名字，这简直是信口开河。[16] 特朗普的这些言论以及其他许多言论传递出的信息是，他很特别，完美无瑕，几乎在所有事情上都比其他人做得好。（研究表明，自恋者经常高估自己的能力和表现。）

在担任总统之前，他告诉《纽约时报》记者马克·莱博维奇，同理心——批评者说他最缺乏的特质——"恰恰是他（他经常用第三人称描述自己）最大的特点之一"。[17] 在"玛丽亚"飓风过后不久，特朗普访问了波多黎各，在三一广播（Trinity Broadcasting）播出的采访中，特朗普吹嘘他受到了极其热情的接待："人群中有很多人，他们尖叫着，对一切都充满了爱……我很开心，他们也很开心……欢呼声令人难以置信，震耳欲聋……这是因为我去了那里，而他们爱我。"[18] 特朗普声称，媒体对他的批评是"假新闻"，并补充说，这是

"我发明的最伟大的术语之一"。

经常观察特朗普的人都知道,他通常按照下面的套路去回应批评:攻击批评者,然后宣扬自己具有某些不可思议的能力。特朗普几乎每句话都暴露出自我陶醉,尤其是对与众不同的渴望,他简直是教科书般的自恋者。

他就是以这种风格开启了总统任期。一上任,他就和媒体关于参加就职典礼的人数进行了争论,[19]声称尽管有相反的证据,但这就是"就职演说史上规模最大的一次"。[20] 2018年,特朗普在接受英国记者皮尔斯·摩根采访时,就转发英国极右团体的推文一事,非常夸张地回应道:"我不是种族主义者,在你们见过的所有人里面,我是最不种族主义的那个。"[21]

特朗普的其他浮夸言论还包括:"没人比我更尊重女性。"[22](这句话是在他对女性发表下流言论的视频曝光后说的。)"在世界历史上,可能没人比我更了解税收。""我可以比任何人更像总统。"

可以说,特朗普的自恋在2018年1月达到了顶峰。当时迈克尔·沃尔夫(Michael Wolff)即将出版的《火与怒》(*Fire and Fury*)一书的节选发布,其中有对特朗普的白宫生活略欠恭维的描述,随后引发了人们对总统精神状态的担忧。作为回应,特朗普公开诋毁了这本书,他在推特上说:"迈克尔·沃尔夫是一个彻头彻尾的失败者,他只会编造故事来推销这本非常无聊、胡编乱造的书。"接下来,特朗普以一贯的风格转向了自我夸耀,在推特上描述说自己一生中最大的两项财富就是"稳定的精神状态以及聪明才智",但稍后他立刻澄清说自己"可能不太聪明……但绝对是一个精神稳定的天才"。这种公开的自我宣传与许多人对体面行为的看法背道而驰，尤其是对一个总统而言。但撇开道德不谈，研究表明自恋者往往会从他们过度自信的虚张声势中获得一定的好处，至少一开始是这样。

英国研究人员发现，自恋者比其他人更有可能成为领导者，而且一开始往往很受欢迎，这一点完全符合特朗普的故事。[23] 在这项研究中，研究人员让学生填写性格问卷，然后在 12 周的时间里每周与所在小组一起解决某个问题，学生在整个研究过程中需要定期给别人打分。一开始，自恋的学生会被其他人评为优秀的团队领导者。但关键的是，随着时间的推移，他们的吸引力逐渐减弱。[24] 研究人员称，自恋型领导者就像巧克力蛋糕，第一口通常口感浓郁，令人非常满足，但过一会儿，这种浓郁的味道就会越来越淡。在一个自恋的领导手下做事可能也是类似的体验。

至少在某些情况下，自恋者会给人留下良好的第一印象，这一点在对异性的速配约会的研究中得到了证实。这些研究发现，人们通常认为自恋者比非自恋者更有吸引力。[25] 以男性自恋者为例，这似乎是因为他们能够给人留下善于交际、性格外向的第一印象，这在与异性的约会中很有吸引力。女性自恋者则被认为在外表上更有吸引力，这或许是因为她们更注重外表，穿着也更性感。

在与朋友的交往中，自恋者也是如此。一项为期 3 个月的研究分析了大一新生的受欢迎程度，发现自恋的学生一开始很受欢迎，但在研究结束时，朋友们往往对他们感到厌烦。[26]

自恋者的其他优势还包括巨大的毅力，尤其是当只有成功应对某个挑战才能获得荣耀时，他们的毅力更明显。[27] 试想一下，如果有一份销售工作，老板唯一感兴趣的指标就是利润，那么自恋者在实现目标时就特别有毅力。同样，自恋者在收到负面反馈后，也会表现出极大的毅力去证明别人是错的。[28] 他们的虚张声势和自信似乎也有助于让别人认同他们的想法。[29] 毫无疑问，这一点对特朗普的竞选活动大有裨益。比如，在2016年共和党初选期间，特朗普成功吸引了媒体的关注，以至于所有媒体都在谈论特朗普，这让他的竞争对手付出了巨大的代价。

我们可以从自恋者身上学到一个经验，那就是无论是在约会时还是刚开始担任领导角色时，表现出外向和自信都是有好处的。在生活中的一些重要时刻，放下谦虚，满怀信心地传播你的想法和成就也是恰当的、有益的。但自恋者的一个问题是，他们在展现自我时经常忽视他人，不知道适可而止。

为了发挥自恋的优势，同时避免其消极影响，你可以制订一个长期计划，在不降低性格亲和性的前提下增强外向性（请参照第五章给出的步骤）。你可以试着通过与过去的自己进行比较来提升自己，而不是与他人进行比较（比如，告诉你的老板你比以前更擅长这个），或者说一些简单的、不贬低他人的、自我恭维的话（比如，告诉面试官"我是个好老师"，而不要说"我比同事更擅长教学"）。另一个自我推销的策略是借别人之力，即找一个支持你的朋友或同事，借他们之口来展示你的成就。

为自己的成就自豪并没有什么错，毕竟自豪颇有激励作用，缺乏自豪反而可能意味着你在追求错误的人生目标。但你必须要注意，心理学家所说的"骄纵的自豪感"，同那种适度的"真正的自豪感"之间存在重要区别，我们在第六章中也讨论过这一点。自恋者倾向于选择前者，这是为了夸耀他们自认为的特别之处。比如，他们可能会声称，他们之所以能从客户那里得到良性反馈，是因为他们非常迷人且富有魅力。特朗普就经常做出这样的声明，吹嘘自己与生俱来的独特品质，包括他所谓的伟大基因。相比之下，"真正的自豪感"基于对自己的工作和努力的认可，比如，这类人会告诉自己和别人，之所以能从客户那里得到良性反馈，是因为他们竭尽全力提供了很好的服务。

与此同时，绝对要避免的一种行为方式是变相自夸，即在表面的抱怨下隐藏着自夸。比如："哎，自从我开始节食和锻炼以来，所有的衣服都宽松了。"研究表明，这类话语往往被别人视为自夸，并不是非常有效，所以从各个方面来看，你都失败了，看起来既不谦虚，也不会给人留下良好而深刻的印象。[30]

自恋者能够认识到给人留下深刻的第一印象的重要性，并能在适当的时候有勇气推销自己和产生自豪感，但除此之外，自恋者的生活方式没有什么值得称赞的。随着时间的推移，不仅他们的吸引力会迅速消退，而且他们也会暴露出一些根深蒂固的问题。

常识表明，如果你必须不断地在众人面前宣扬自己的伟大，或许你并不像你希望别人认为的那样自信和肯定。2018年初，特朗普在推特上表示自己是"精神稳定的天才"后，记者丹·拉瑟在推特上写道："亲爱的总统先生，经验之谈是，如果你是这样的人，你不必说出来，人们会知道的。"事实上，自恋的背后很可能隐藏着潜在的不安全感，这一观点已经得到了多项研究的支持。一些专家将自恋分为所谓的"脆弱型自恋"（vulnerable narcissism）与"浮夸型自恋"（grandiose narcissism），认为浮夸型自恋的人缺乏内在的安全感，但这种区分存在争议。

曾有这样一个巧妙的实验：研究人员让志愿者在看到不同类型的单词时尽可能快地按下对应的电脑按键，他们发现如果同样的按键对应的是与自我相关的词（比如，我/自己/自我）和带有负面含义的词（比如，痛苦和死亡），那么自恋的志愿者会格外快地做出反应。这种快速反应表明，在自恋者的头脑中，"自我"和"消极"是联系在一起的，换句话说，他们的潜意识中似乎隐藏着一种自我厌恶感。[31]

神经科学方面的研究也支持这种解释。研究人员扫描了高度自恋的男性在欣赏自己的照片时的大脑活动情况，他们发现与非自恋者不同的是，自恋者表现出的神经活动模式与消极情绪一致，而非与积极情绪一致。[32] 在另一项证明了自恋者更渴望社会认同的研究中，研究人员遴选出在自恋倾向问卷中得分较高的十几岁男孩，对他们说他们在电子游戏中遭到了其他玩家的拒绝。虽然这些较为自恋的男孩嘴上说自己对此毫不在乎，但当时针对他们大脑进行的扫描显示，与遭到拒绝的非自恋青少年相比，他们的大脑中与痛苦情绪相关的区域更加活跃。[33]

所有证据都表明，自恋者的自我欣赏可能只是说说而已，在虚张声势的表象之下，他们其实怀疑自我，内心痛苦，饱受折磨。这种脆弱的虚荣心或许可以解释，为什么特朗普在2018年体检后，宣称自己的体重恰好比肥胖标准低了一点儿。但很多人质疑这个数字，觉得特朗普还要更重些，电影导演詹姆斯·古恩带领其他怀疑者开展了一场有趣的运动，即"围度论者运动"（girthers movement），所谓"围度论者"，指质疑特朗普的腰围和体重的人。詹姆斯·古恩甚至表示，如果特朗普能公开称一下体重，他愿向特朗普指定的慈善机构捐赠10万美元。

不出所料，有证据表明，以自恋的态度同这个世界打交道是要付出代价的。一项研究对志愿者进行了6个月的跟踪调查，发现其中的自恋者往往感受到更多的压力，比如人际关系问题和健康状况不佳带来的压力。[34] 更糟糕的是，自恋者还对压力表现出强烈的生理反应，这也符合另一种说法，即尽管自恋者喜欢吹牛，但他们脸皮薄，而且心理脆弱。[35]

看着特朗普作为美国总统在世界舞台上那么活跃，也许你很难相信这些说法对他而言是真的，但请注意，根据他的传记作者哈里·赫特（Harry Hurt）的说法，特朗普早年曾提到自杀，当时他对自我怀疑并不避讳。一位前白宫副幕僚长在谈到特朗普时说："从根本上来说，他迫切需要被人喜欢……以至于对他来说，每件事都是一场斗争。"[36] 政治专栏作家马修·安科纳（Matthew d'Ancona）把特朗普称为"首席雪花"，这或许可以很好地概括特朗普脆弱的一面。[37]（此处"雪花"指心理特别敏感之人。——译者注）

自恋者最终会弄巧成拙的观点同样适用于其他政治领导人。一项对42位美国前总统进行的研究发现，他们的自恋程度越高（基于专家评分），在职期间存在不道德行为和（或）面临弹劾的可能性就越大。[38] 同样，有着自恋型首席执行官的企业也更容易面临诉讼，而且诉讼一旦发生，其周期也更长，这是因为自恋型首席执行官过于自信，不愿寻求专家的帮助。[39]

克服肤浅的自恋

考虑到自恋者的诸多缺点,你能采取什么措施去帮助自己或他人降低自恋的程度呢?好消息是,自恋倾向往往会在人从青年到中年的过程中自然消退。[40]但在比较极端的情况下,就需要采取更加积极主动的方法来克服自恋,在这个过程中,最重要的目标或许就是弥补自恋者缺失的同理心,因为同理心的缺失恰恰是他们对自己的行为缺乏内疚感和不愿道歉的原因。[41]

幸运的是,有初步证据表明自恋者并非没有同理心,他们只是缺乏表达同理心的动机或主动性。一项相关研究让学生们观看了一段视频(视频中有一位名叫苏珊的女性描述了遭受家暴的痛苦经历),并分析了他们对视频的反应。[42]如你所料,当研究人员不干预时,他们发现自恋的参与者对苏珊缺乏同理心。他们说自己不太关心发生在苏珊身上的事情,并认为苏珊面临的麻烦在某种程度上是她自己招惹的,而且在生理层面上,他们的心率也没有因为苏珊的痛苦而增加。

最重要的是,一些学生在观看视频前得到了具体的指导,被鼓励尽量对苏珊表现出同理心:"想象一下苏珊的感受,试着从她的角度看视频,想象她对正在发生的事情的感受。"在事先经过这种指导后,自恋者随后报告说,他们对苏珊产生了正常的同理心,对苏珊的痛苦也表现出正常的生理反应(和非自恋者一样)。研究人员因此得出结论:"尽管自恋者的同理心缺失似乎是自发的,并体现在生理水平上,但这种情况是有可能改变的。"

这一发现让人看到了希望,因为在你与生活中的自恋者打交道时

（或者你自己有自恋倾向时），这表明自恋者还有改变的可能性。通过鼓励自恋者站在他人的视角看问题，我们可以帮助他们变得不那么自私。你也可以试着鼓励你认识的自恋者参加我在第五章列出的一些活动，以增强他们的亲和性，比如阅读更多的文学作品（比如小说）或练习正念，这两种方式都有助于增强同理心。

还有一个有用的方法是提醒自恋者关注自己的社会归属感和社会义务，这可以让他们知道他们不是孤立的存在，而是一个更大的群体的一部分，那可以是他们的家庭、朋友圈，或是工作中的团队。心理学家称之为"集体视角"（communal focus）。你可以通过提出一些引导性问题来诱发别人这种心态，比如，"你和你的朋友或家人有什么相似之处？"，以及"你的朋友和家人希望你将来做什么？"。形成一种"集体视角"有助于减少自恋倾向，增强对他人痛苦的同情，并降低对个人名望或荣誉的兴趣。鼓励自恋者聚焦集体或许同样有助于减少他们的自我痴迷，提高他们的同理心。

要降低自恋倾向，第二个目标是解决自恋者根深蒂固的不安全感和对获取别人认同的渴望。要减少他们为了成为人群的焦点而做出的滑稽行为，一个有效的办法是表达我们对他们的认可，帮助他们治愈内心的脆弱。这不是一件简单的小事，由于自恋者通常表现得如此虚荣、浮夸，我们最不愿意做的事情就是违背自己的意愿，助长他们显著的自恋倾向。

在这一点上，我有亲身经验。我曾经与一个自恋者共事，他对自己非常着迷，不会错过任何一个自我推销的机会。他几乎在每一次谈话、每一篇文章的开头都谈到了他自己，用事先准备好的笑话和俏皮话来吸引别人的注意力，博得别人一笑。一开始，别人似乎觉得他的行为很自然，但和他待上一天之后，人们很快就会发现他是按照"剧本"行事的。于是，人们的条件反射性行为，或者说难以抑制的冲动，就是要打压一下这种人的气焰。但实际上，赞扬自恋者，并明确表示认可他的成就，有助于减少他的自恋倾向，缓和你们之间的关系。

你是精神病态者吗？

自恋者令人厌烦，难以应付，但自恋只是所谓的三大暗黑性格特质之一。比自恋者更麻烦的是在精神病态方面得分较高者。这些人的血管里流淌着冰冷的血液，在最糟糕的情况下，他们简直是别人的噩梦。即便如此，我们还是可以从他们对待生活的态度中吸取一些教训。

鲁里克·朱廷（Rurik Jutting）的成长环境很优越。他的故乡是英国萨里郡一个郁郁葱葱的村庄，他从小生活在一间童话般的小屋中，就读于一所著名的私立学校——温彻斯特公学。他当时的一个朋友回忆说，他在这里读书时"很普通，有幽默感，非常敏锐，非常聪明，而且有洞察力"。[43] 后来，他去了剑桥大学学习历史，在那里，他成为一名赛艇运动员和历史学会的秘书。

从剑桥毕业后，朱廷在金融领域开启了雄心勃勃的职业生涯，这使他一跃成为美林集团驻香港的银行业奇才，年收入约为70万美元。2014年10月，在可卡因的刺激下，朱廷在香港的公寓里拍摄了自己残忍折磨、强奸和谋杀两名年轻印度尼西亚女性的视频。2016年，香港法官在宣判时，形容他是"虐待狂和精神病态者"，并警告英国当局不要被他的表面魅力所迷惑。（朱廷的辩护团队希望把他送回英国，在那里服刑。）[44]

表面的能力和魅力是精神变态者的特征。正如心理学家凯文·达顿在《精神病态者的智慧》（The Wisdom of Psychopaths）中所写："如果说精神病态者有什么共同点，那就是把自己伪装成普通人的高超技能，而在面具——这其实是残酷、聪明的伪装——之下，其冷酷无情的程度甚至超过了冷血捕食者。"[45] 出于这个原因，该领域的先驱之一赫维·克莱克利将其在1941年出版的一本关于精神病态者的书，取名为《理智的面具》（Mask of Sanity）。[46]

在朱廷犯下可怕的罪行之前，认识他的人就知道他善于伪装成正常的样子，也喜欢刻意表现出自信。比如，有人说他"非常聪明……颇有魅力"，有一种"克制的姿态，自命不凡，有一种高人一等的神气，不过有点儿疲惫"。[47]

除了表面上富有魅力之外，精神病态还存在其他三个特征，心理学家称之为"以自我为中心的冲动"（欺骗、撒谎、自私、冒失）、"无所畏惧的支配欲"（极度自信、热爱冒险、缺乏焦虑）和"冷酷无情"（情感匮乏）。

研究表明，与这些关键特征一致的是，精神病态者特别容易被"奖励"（朱廷那种花花公子式的生活方式——酗酒、吸毒和女人——就属于一种极端形式的"奖励"）所吸引。他们通常非常平静，焦虑程度很低，并且缺乏羞愧、内疚等相关情绪。换句话说，他们的情绪稳定性非常高。这就是为什么他们和朱廷一样，经常在股票交易等高压环境中表现出色。虽然精神病态者完全能够读懂别人的情绪，但他们无法对别人的恐惧或痛苦感同身受。正如达顿所言："他们可以理解语言层面的情绪，却无法理解情感层面的情绪。"

所有这些都表现在神经层面：在看到他人痛苦时，精神病态者的大脑反应更少。[48] 他们大脑中与恐惧等情绪有关的一对结构——杏仁核也呈现出一定程度的萎缩。[49] 用心理学的术语来说，精神病态者具有"认知同理心"（能够从他人的视角看问题），但缺乏"情感同理心"。（这与能够与他人产生共情，却很难从他人视角看问题的孤独症患者相反。）

作为一个外表迷人、生活放荡的虐待狂和杀人犯，朱廷似乎高度符合好莱坞电影对精神病态者的刻板形象。比如，我们在想象这类人时，通常会想到德克斯特（《嗜血法医》中的连环杀人犯）或汉尼拔。在现实中，这种病态的、犯罪的精神病态者相对少见。有趣的是，心理学家们开始意识到，精神病态人格的某些方面在很多人身上都有体现，但这些人始终没有做出暴力或犯罪行为。这些人被称作"成功的精神病态者"、"高功能精神病态者"（high-functioning psychopath）或者"亚临床精神病态者"（subclinical psychopath）。他们具有同样的魅力、冷静的内心和坚定的意志，还有高度的自控能力和自律能力，通常不对别人发起身体上的攻击。用科学术语来说，他们通常在"无所畏惧的支配欲"方面得分很高，但在"以自我为中心的冲动"方面得分很低，或处于正常水平。在这方面，1987 年的电影《华尔街》中的主人公——金融家戈登·盖柯就是一个很好的虚构案例，生动地展现了精神病态者的冷酷无情和贪婪无度。

你呢？你是精神病态者吗？如果是，这本书会不会帮助你成功克服精神病态的负面影响？你可能在网上看到过一个所谓的精神病态测试，内容是这样的：一个女人在母亲的葬礼上爱上了一个素未谋面的男人，但葬礼之后就找不到他了，不久之后，这个女人杀了她的姐姐，为什么呢？

如果你的答案是，她这样做是为了引诱这个男人再来参加一次葬礼，那么根据网上流传的说法，你就是个精神病态者，因为你表现出了无情和狡猾。但事实上，专家们让真正的犯罪型精神病态者也做了这个测试，发现他们往往不是这样回答的。如同许多普通人一样，大多数精神病态者表示，这一定是因为姐妹之间的爱情之争。因此，这个心理测试其实只能算一个有趣的谜题。

在判断你或你认识的人是否精神病态时，其他较为可靠的迹象包括喜欢嘲笑别人的不幸，并以此作为操纵别人的手段。但还有一个不那么明显的迹象——精神病态者也喜欢被别人嘲笑。[50] 事实上，这其实也是他们表面魅力的一部分。想象一下，一个超级自信的老板，只需在办公室讲几个自嘲的笑话，就能很快让他的员工对他俯首听命。

根据心理学期刊《科学美国人（脑科学）》(*Scientific American Mind*) 对近4000名读者进行的一项性格和职业调查，精神病态者更有可能担任领导角色，从事高风险职业，在政治上保守，是无神论者，而且更期待定居在欧洲而非美国（不清楚为什么会这样）。[51] 如果你上过大学（或正在上大学），那么你选择的专业也可能在一定程度上反映你的精神病态程度，比如，商务类和经济类专业的学生在精神病态方面的得分要高于心理学专业的学生。[52]

为了更可靠地测量你的精神病态程度，你最好做一个小测试。这个测试改编自真实的精神病态问卷。在阅读每个描述之后，尽可能诚实地根据你在多大程度上同意这些描述打分，分值范围为 1 分（非常不同意）到 5 分（非常同意）。如果你既不同意，也不反对，那么就给自己打 3 分。

我喜欢报复当局。　　　　　　　　　　＿＿＿＿＿

我喜欢危险的环境。　　　　　　　　　＿＿＿＿＿

报复要快，要狠。　　　　　　　　　　＿＿＿＿＿

人们经常说我失去了控制。　　　　　　＿＿＿＿＿

我确实对别人很刻薄。　　　　　　　　＿＿＿＿＿

招惹我的人终将后悔。　　　　　　　　＿＿＿＿＿

我陷入了法律纠纷。　　　　　　　　　＿＿＿＿＿

我喜欢和不熟悉的人发生性行为。　　　＿＿＿＿＿

为了得到我想要的东西，我什么话都会讲。　＿＿＿＿＿

总分：＿＿＿＿＿

把所有项目的分数加起来，除以 9。你有多变态呢？就像自恋程度测试一样，你可以将除以 9 之后的平均分与数百名大学生的平均分（2.4 分）进行比较。再次强调一下，分数略高于或低于这个数字是正常的，但如果你的平均分高于 3.4 分，你可能有一点儿精神病态倾向。如果你的平均分高于 4.4 分，我都不敢站在你旁边了！

然而，比平均分更重要的或许是，你是否表现出了很多"无所畏惧的支配欲"。这是很多成功的精神病态者所表现出来的特质。

为了让你更了解这种支配欲的表现，可以看一看来自另一项精神病态程度测试的部分描述："我负责一切""我追求冒险""我能在压力下保持冷静""我爱兴奋感"。[53] 如果你同意全部说法，那么这可能表明你已经具备了成为一名成功的精神病态者的要素！下面几项说法——"我喜欢激烈的战斗""我通过作弊获得了成功""我打破了规则""我做事不经过思考"，与"以自我为中心的冲动"有关，这也是精神病态的一个方面，而且这个方面与犯罪、攻击性有更紧密的关联。因此，如果你完全同意这些说法，那么你或许正在监狱图书馆里阅读本书。

精神病态者有攻击和犯罪倾向，这对表现出这些特质的个人乃至整个社会都是坏消息，这是不言自明的。那么"无所畏惧的支配欲"和"冷酷无情"这两个精神病态的特征又怎样呢？如果你像我一样是个性格怯懦的人，那么我们能从这个世界上成功的精神病态者身上学到什么呢？

我们能从成功的精神病态者身上学到什么？

在现实生活中，精神病态似乎帮助一些人取得了成功——当然，这取决于你如何衡量成功。曾有一项研究将39名英国高级管理人员和首席执行官同英格兰伯克郡（即"约克郡开膛手"的家乡）戒备森严的"布罗德莫精神病院"关押的数百名精神病态罪犯进行了对比。[54]令人难以置信的是,首席执行官在表面魅力和支配欲方面的得分高于精神病态的罪犯,但在缺乏同理心方面这两个群体不相上下,更关键的是,前者在冲动性和攻击性方面的得分低于后者。

这个结果不足为奇。在美国,心理学家评估了参加管理培训项目的200多名公司管理者的精神病态程度,并算出了他们的平均分。与上述英国研究的结果一致,管理者在精神病态方面的得分高于普通大众,而且得分越高,他们在个人魅力和演讲技巧方面的得分往往就越高。(不过他们在团队精神和实际表现方面得分较低。)[55]纽约心理学家保罗·巴比亚克告诉《卫报》,基于他的研究结果,大约4%的商业领袖可能是精神病态者。[56]

一些专家甚至声称,成功的美国总统都或多或少有点儿精神病态。埃默里大学已故的斯科特·利林菲尔德是精神病学领域的领军人物之一,他曾让历史传记作家给从乔治·华盛顿到乔治·沃克·布什的所有总统的性格特质打分,并将这些评分与历史学家对总统在任职期间的表现进行对比。对比结果表明,"无所畏惧的支配欲"是他们共有的一项关键特征。在这一特征上得分最高的总统在个人声誉、选举结果以及任期内立法方面的表现更加卓越和高效。(得分最高的四位总统是西奥多·罗斯福、约翰·肯尼迪、富兰克林·罗斯福和罗纳德·里根,而威廉·塔夫脱得分最低。)[57]

除了成为高级领导人之外,成功的精神病态者更有可能从事竞争激烈、风险较高的职业,包括财务、特种部队、应急服务、极限运动,以及外科医生。心理学家达顿曾说:"毫无疑问,精神病态者肯定会在社会上拥有一席之地。"

在这方面,英国皇家外科医学院前不久发布了一篇题为《高压工作:外科医生是精神病态者吗?》(*A Stressful Job: Are Surgeons Psychopaths?*)的文章,并给出了肯定的答案。[58] 近 200 名医生接受了关于精神病态的问卷调查,虽然他们在精神病态的各个方面得分都不高,但在压力免疫和无所畏惧等方面的得分高于大众的平均分,其中外科医生的得分最高。正如在达顿的《异类的天赋》一书中,一位神经外科医生对达顿说的那样:"是的,在一场高难度的手术前做清洁消毒工作时,身体里确实会萌生一股由极度镇静带来的冰冷感。"

那么,为什么会有那么多精神病态者,或者至少有精神病态倾向的人,从事着高管以及外科医生这样的高薪工作?原因在于精神病态者会受到潜在收益的驱使,不受威胁影响,是极端外向的人。[59] 他们甚至对兴奋剂有更强烈的反应,比如,当他们吸食冰毒时,大脑释放的多巴胺是非精神病态者的 4 倍,他们在期待得到现金奖励时,大脑也会表现出类似的更强烈的反应。[60] 他们似乎总能在适当的时候消除自己的恐惧和焦虑,无论是在做心脏手术时,从火灾中救出受害者时,在进行数百万美元的交易时,还是在敌人后方展开大胆的突袭时。

你应如何一边向那些成功的精神病态者学习,一边克服精神病态的负面影响,避免自己走向黑暗呢?从长远来看,根据五大性格特质,答案是尽可能地降低你的神经质水平,以及最大限度地增强你的外向性。

诚实地反思一下自己的生活。如果你不是精神病态者,有时你会因为害怕无法应对某项挑战,甚至害怕当众出丑而放弃机遇。比如,你受邀给同事做演讲，或者获得了升职机会，但你宁愿选择谨慎行事，从而放弃了一个良好的机遇。在个人生活中，或许你会在脑海中连续几天或几周思考如何约同事或朋友出去聚会，但最终还是没能鼓起勇气。事实上，你完全可以利用这些场景去引导内心潜藏的精神病态倾向。

正如我之前所讲的，一种有效的方法是将紧张、焦虑的情境重新定义为令人兴奋的情境。将你体内肾上腺素的激增重新定义为兴奋，而不是恐惧，这将有助于改善你的表现。这种重新定义对精神病态者来说是很自然的，他们能够轻而易举地做到。虽然对你来说这没那么轻松，但你可以通过反复训练来获取这种能力，以便在需要的时候派上用场。

此外，另一个有用的策略是采用心理学家所说的"挑战心态"，而不是"威胁心态"。作为一个非精神病态者，你之所以会产生一种威胁心态，是因为你觉得自己的能力无法满足任务的要求，害怕失去控制，害怕自己会失败，以至于让自己难堪。这样一来，最自然的反应便是逃避。

相反，"挑战心态"来自对自身各方面能力的自信。（你可以回想自己做过的本书中的练习和训练，如果你都还没做，那就现在开始做。）你可以分析一下即将面对的任务中有哪些方面是自己可以控制的，把精力集中在这些方面。要顺利完成分析，一种有效的做法是事先反复排练，并在应对挑战的过程中形成一些固定的模式，就像运动员在参加比赛前必定参加某种仪式一样。无论结果如何，尽量不要将任务视为一种测试，而要更多地将其视为一个学习的机会。简单地说，就是集中精力思考你将从应对这个挑战的过程中获得什么，而不是可能失去什么，要知道即便在最差的情况下，这也是一次学习经历。完成上述做法之后，你在应对某个棘手的挑战时，虽然不会像达顿采访的那位外科医生一样让自己镇静到冰冷，但你更有可能把焦虑转化为优势，更有可能在机遇来临时抓住它们，而不至于把大好机遇拱手让给同一办公室里的精神病态者，或者将约会机会拱手让给罗萨里奥那种高傲自大的色狼。

重要的是，如果你摒弃威胁心态，采取挑战心态，它会鼓励你去大胆实践，开展研究，或者做任何必要的事情去取得成功。一项针对近 200 名职场人士的研究证实了这一点：研究人员发现，如果这些人具有一种积极应激心态（类似于我所说的挑战心态），那么他们在面临挑战时往往会采取更积极的应对措施，比如提前安排好时间，积极寻求别人的支持。[61] 相反，那些具有消极应激心态的人则把挑战视为威胁，从而选择逃避。

成功的精神病态者拥有的一个相关优势是，他们具有非同一般的主动性和自发性，愿意抓住并充分利用每一天。当你考虑是否要申请一份工作时，或者是否要出售一栋房子时，那些成功的精神病态者已经果断发出了自己的简历，或者已经给房产中介打了电话。他们的动力来自未来可能获得的收益，为此，他们宁愿将风险抛于脑后。简单地说，精神病态者在做事时往往不会拖延。要解决拖延症，你可以先了解一下拖延症背后的心理机制：即使我们已经决定要做某件事，我们依然会逃避，这并非因为时间管理不善，而是因为我们在令人不适的恐惧感、消极情绪或某种非理性想法的驱使下选择了主动退让。

因此，要成功避免拖延，最有效的方法就是克服你的恐惧或者把情绪完全排除在外。在做一个重要决定时，把利弊都列出来，必要时咨询一下朋友和家人。现在，既然你已经决定继续前行，就不要再无端猜测最终结果如何，只需把精力集中在下一步行动上。大胆去做吧，寄出你的简历，拿起你的手机！

引导精神病态者走向光明

在生活中的某些时刻和某些情境下，比如当你在工作中与咄咄逼人、无所畏惧并且非常成功的精神病态者竞争时，或当你应付难以相处、自私自利的亲戚时，你可以借鉴精神病态者的某些策略，这有助于我们实现某些目标。但如同对待自恋者一样，我不建议你全身心地借鉴他们性格中暗黑的一面。

人之所以是人，是因为人拥有情感，而精神病态者往往存在情感匮乏的问题。生命的意义来自对外界的关心，而不是一味追逐自己的快乐和满足。也许，生命最大的意义来自人与人之间的爱。关爱别人可能会拖你后腿，但如果你成功地把自己变成了一个冷酷的机器人，生活会变成什么样呢？

即使你觉得生活中最重要的事情是在事业上有所建树，但要谨记，有证据表明，员工在精神病态的上级手下做事会深感痛苦，[62]而且长期来看，当一个组织由精神病态者担任领导角色时，必将以失败告终。[63]这是因为有效的领导不仅需要领导者敢于冒险，还需要理解力和同理心这两个非常重要的素质,他们应该能够帮助富有才华的下属实现成长,并扫除下属在取得成就的路上的障碍。

一般来讲,精神病态者死于暴力的可能性比较大,这完全是意料之中的。[64] 当然,他们也比普通人更有可能触犯法律。

那么,怎样才能帮助别人(或自己)降低精神病态程度呢?有效方法并不是改变他们的性格特质,而是充满建设性地引导他们。同样的心理病态特质既可以助长自私的野心,也可以使一个人成为英雄。犹他州互联网营销领域的百万富翁杰里米·约翰逊曾在赌博中输了一大笔钱,后来又曾欺压弱势群体,最终于 2016 年因卷入银行诈骗案被判 11 年监禁。法官对约翰逊说:"你的自负和为所欲为是整个阴谋的根源。"然而,约翰逊不仅赚了数百万美元,还是一位勇敢的英雄,曾于 2010 年驾驶自己的飞机前往海地帮助地震灾民。一位朋友形容他是"我所认识的最像基督的人之一"。[65]

约翰逊之类的人并不罕见。一项研究发现,人们的精神病态水平与他们的日常英雄主义倾向(比如帮助生病的陌生人或追逐街头骗子)之间存在相关性。[66] 因此,帮助精神病态者的一个重要方法是,尽可能多地引导他们从事有助于激发他们潜在英雄主义特质的职业,远离可能诱导他们走上犯罪之路,进而招致毁灭的因素。

除了引导精神病态者走向光明之外,我们还能做些什么来纠正或减少一个人的精神病态特征,或者确保他(或她)利用病态特征取得成功而不是违法犯罪呢?美国研究人员通过关注精神病态者表现出的异常心理过程,取得了一些成效。这种方法的前提是,精神病态者能够体会到负面情绪,包括遗憾——他们通常不惜一切代价追求目标,却没有考虑到未来可能的遗憾。[67] 精神病态者往往专注于实现个人利益，从而欺骗别人，忽视给受害者的情绪造成的后果。为了解决这个问题，我们不妨让他们接受"认知矫正训练"。这种训练一般持续数周，其间会反复提示精神病态者关注别人的情绪，[68] 帮助精神病态者更多地关注他们做某件事时的情绪，而不仅仅是关注他们的主要目标。

领导这项研究的耶鲁大学科学家阿里尔·巴斯金－萨默斯（Arielle Baskin-Sommers）说："他们并非冷血动物，只是不擅长同时处理多项任务。因此，我们需要思考如何解决精神病态者思维习惯上的问题，帮助他们在完成自己任务的同时，还能关注到更多周围情境的信息，从而管控他们的情绪体验。"[69] 这种方法具有很强的实验性，但它符合本书传递的一个关键信息：你的性格在一定程度上取决于你的思维习惯，通过改变这些思维习惯，就可以改变你的性格特质，重建你未来的形象。

改变性格的十个可行步骤

降低神经质水平

- 许多有慢性焦虑的人会形成一种不健康的完美主义倾向，认为自己只有在所有问题得到解决之后才会停止担忧，但这显然是不可能实现的。如果你发现无法控制自己的担忧，不妨试试这个能使思维暂停的技巧：想象一个跟停止有关的符号，或者直接告诉自己："你的担心已经够多了，可以停下来了。"
- 别把那些批判性的消极念头看得太重要，每个人都有这种念头，但它们不是什么好事，没必要念念不忘。有一种方法可以帮助你忽略这些消极念头，姑且称之为"思维巴士法"：把你的各种焦虑念头想象成校车上的一群不守规矩的、吵闹的孩子，同时把自己想象成司机，他们可能会令你分心，但不会阻止你朝着目的地前进。

增强外向性

- 你可以养条狗，或者定期帮朋友或邻居遛狗，因为在遛狗的过程中你可以经常碰到其他养狗的人，并很自然地与他们开始闲聊。这样一来，你就有机会比普通人经历更多随机的社交活动。

- 下次参加聚会或社交活动时，不要躲在角落里，不要因为不知道要和哪个人说话而烦恼。你可以提前给自己设定一些适度、有趣、相互独立的目标，比如结识两个陌生人，弄清他们的名字和职业。把自己当成一个侦探，把这个活动当成一次小小的侦察，而不是社交聚会，这将帮你转移注意力，最终给你一种成就感。这样做得越多，你就会越习惯。

增强尽责性

- 如果你觉得备考、健身或保持房间整洁等需要自律的活动是苦差事，你可以将其与一些有趣的元素结合起来，作为对苦差事的奖励。比如，在做苦差事之际听你最喜欢的音乐或播客。你还可以密切关注自己的进展，并在你达到某个里程碑时给自己一些奖励。

- 思考一下你最重要的价值观和目标。你现在努力的方向正确吗？如果你的回答是"不"，那么可能是时候改变方向了。如果你追求的目标符合你的价值观，那么自律和坚持则容易得多。

增强亲和性

- 如果你一直善待自己，那么你将更容易以温暖和信任的态度对待别人。你可以通过多种方法练习自我关怀，比如，试着像某位支持、同情自己的朋友那样给自己写一封信。
- 多读一些小说等文学作品，这有助于增强同理心，因为阅读有助于让我们学会观察不同人物。

增强开放性

- 试着学一门外语，让自己沉浸在不同的文化中。（如果你正在学一门外语，那就更容易了。）这会促使你对这个世界产生新的认识。
- 追寻巅峰体验。虽然爬山是个不错的选择，但也不是非爬山不可。你可以提前做个计划，抽时间欣赏日落，在当地的树林里散个步，或者参观一个画廊。你的目标是让自己萌生一种与世界融为一体的感觉，并在这个过程中感受思维的开放。

第八章 性格重塑的十个原则

在本书中,我详细描述了持续影响性格的因素,包括生活中的诸多高峰和低谷,并分析了如何在你的能力范围内对这一过程施加控制,包括各种练习和活动。如果你愿意付诸实践的话,这些练习和活动能够让你的某些或所有主要性格特质朝着你期待的方向转变。我还提到了一些能成功改变性格的基本原则。

在最后一章中,我将在上述建议的基础上进行扩展,列举出十条你应该谨记的关键原则,供你在遇到困难时加以运用,帮助你成功完成改善性格的目标,让你变成最好的样子。在继续阅读下文之前,我建议你先重新做一遍第一章的性格测试,看看你的性格得分是否发生了变化。如果有变化,那么思考一下变化方向是否如你所愿。你也可以试试第二章提出的叙事疗法,看看你的反思的基调是否变得更加积极。如果尚未取得进步,不要绝望,以下十条原则将让你更清楚如何重塑自己的性格。

1. 为更大的目标去改变性格，成功的可能性更大；
2. 只有先诚实地评价自己，才能有所进步；
3. 真正的改变始于行动；
4. 性格改变易于开始，却难以坚持；
5. 性格改变是一个持续的过程，需要坚持追踪进展；
6. 在性格改变的程度方面，要抱有务实的态度；
7. 有别人的帮助，你成功的可能性更大；
8. 生活总会给你设置障碍，而克服障碍的诀窍就是未雨绸缪，从容应对；
9. 善待自己比打击自己更有可能带来持久的改变；
10. 笃信性格改变的潜力和持续性是一种生存哲学。

原则一：
为更大的目标去改变性格，成功的可能性更大

调查显示，大多数人都希望自己的性格在某些方面有所改变。人们往往有一种模糊的感觉，认为只要性格改变了，就能在生活中更快乐，在工作中更成功，或在人际关系中更满足。有意识地增强外向性、尽责性、开放性、亲和性和情绪稳定性（或者哪怕只增强其中一项）有助于你过上更健康、更快乐的生活。但如果你希望更加持久、彻底

地改变性格,你就需要一个更大的目标或身份认同。

研究表明,价值观(决定了生活中哪些东西对你最重要)的改变往往先于性格的改变,而不是只有先改变性格才能改变价值观。[1] 成为更好的父亲、消除贫困、分享你对艺术的热爱、发展你的城市、到海外做志愿者,或者学习一项新技能,都能为你改变性格提供强大的动机。(心理学家给这种设定目标的行为起了多种名称,包括"个人计划"、"更高使命"或"终极关切",但名称差异其实无关紧要。)如果你是为了满足你的激情或当前的生活目标及价值观而寻求性格改变,那么你更有可能获得成功。

我在本书中分享了许多鼓舞人心的故事,主人公都是先发现了一个有深刻意义的新身份或新使命,然后才努力通过自我教育、建立新关系、培养新爱好和新习惯去改善自己,为更高的目标服务,这就使得性格改变的过程能够持久延续下去。在完成新使命及扮演新社会角色的过程中,你的性格会进一步发生积极改变,同时当前性格中的长处也能得到更好发挥。

如果你目前没有激情或使命,那么在问自己"想要或需要如何改变性格"之前,先问问自己"对我而言什么更重要?"或者"我想成为谁?"或许更有意义,也更有效。当然,在人生的不同时期,这个问题的答案可能会有所不同,所以这是一个需要经常重新审视的问题。比如,你可能多年来一直是一个尽职尽责的家长,并认为这是你存在的理由,然而,一旦你的孩子长大了并离开了家,你就可能觉得生活出现了一个空洞,这时,你需要寻找一个新目标。

无论你处于人生哪个阶段,你都不可能只凭舒坦地坐在扶手椅上思考这个问题就找到答案。你需要站起来、走出去，只有通过反复尝试，才能发现什么能点燃你内心的火花。要有耐心，因为这个过程不大可能一蹴而就，甚至，在你刚找到你真正的使命（对你来说能够让你持续痴迷、发现生命新意义的东西）时，你可能一开始并无法意识到它的存在。生命的激情往往需要一段时间才能燃起。

一旦你找到了新的使命，你就该问自己一个问题：我该如何培养自己的性格，以便更好地迎接挑战，或遵照这些价值观生活？你需要谨记：在追求新的使命或价值观时，你的性格发生的任何改变都很有可能融入你的自我意识，直至令你觉得这就是你的真实自我，然后才能延续下去。

小结 | 发现新使命或反思对你而言最重要的价值观，将为有意义的、真实的性格改变奠定基础。

原则二：
只有先诚实地评价自己，才能有所进步

如果你在工作或人际关系中苦苦挣扎，那么你就很容易逃避责任，把一切都归咎于环境和他人；但如果你诚实地面对困境，你会发现自己其实需要为这种局面承担部分责任。比如，这可能是因为你性格中的某些不良特质在各种情境下反复出现，包括懒惰、情绪波动或教条

主义。要改变这些不太有用的性格特质，第一步就是诚实地承认这些问题的存在，并意识到它们亟须解决。（不过，正如本章提出的第九条原则所说，分析问题的过程不一定非要包括严厉的自我批评，也没必要把自己搞得太沮丧。）

然而，要诚实地审视自己，说起来容易做起来难，毕竟通过美化自己来保持自尊是人性使然。可能除了那些高度抑郁、高度神经质的人，我们大多数人都高估了自己的能力和学识。[2]

这种自我服务偏差十分常见，它有助于你保持自尊和乐观，所以在自我评价的过程中你应该小心处理这种偏差，不要一味摒弃。但如果它妨碍你进行诚实的自我评估，它也可能成为你改变性格的障碍。要克服这一问题，你需要在做本书（或你在网上参加的）的性格测试时尽可能地诚实，这有助于你发现自己性格中那些可以发展为自己的优势的方面。

然而，即使你敢说自己性格完美，没有什么需要改变之处，依然存在这样一种可能：你性格中的某些方面是你不知晓的，或者是别人能看到而你看不到的。可以这么说，这些超出你认知范围的方面属于你性格中的"盲点"。

这一点已被一些研究揭示。这些研究要求志愿者评价自己的性格，并评估一下别人如何看待自己的性格，然后将他们的答案与亲朋好友对他们性格的真实评价进行比较。[3]研究结果表明，虽然你的自我评价和别人对你的评价存在很多重叠，但你对自己的看法往往存在一些重要的盲点，即别人能在你身上看到的东西，比如你诙谐幽默、急于取悦他人、早上脾气暴躁等等，你自己却一无所知。

在探索这些潜在的性格盲点时要谨慎一些,尤其是在你感到容易受伤或心理脆弱的时候。一系列研究表明,如果你真的想改善性格,那么你不仅要诚实地评价自己的性格,还要让一些亲密的朋友、家人和同事给出评价。如果你问的人足够多,他们甚至可以匿名评价,以免冒犯到你。

那么,你应该去问谁呢?这是一个值得认真思考的问题,毕竟你不希望在问完一圈人之后彻底灰心丧气。心理学家塔莎·欧里希提到过一种人,即"爱你的批评者",他们会把你的最大利益放在心上,请他们评价你的性格是一个不错的选择。有了他们的评价,你就能更好地理解自己性格的哪些方面需要改善。

如果你真的很勇敢,你甚至可以采用欧里希在其杰作《洞察》一书中提出的一个练习:真相晚餐。在这个练习中,你将和一个"爱你的批评者"一起出去吃顿晚餐,让对方描述一下你身上最令他讨厌的性格特质。[4]

如果这听起来有点儿冒险,你也可以根据奇普·希思和丹·希思在《瞬变》[①]一书中描述的方法,问自己一个"奇迹问题",以加深自我认识。想象一下,如果今晚在你睡觉时,你的性格发生了奇迹般的变化,这个变化未来会对你的生活和人际关系产生涟漪效应,使你从中受益,那么这个神奇的变化会是什么?仔细地想想这个变化,以及它在你的生活中将有哪些表现。你的生活在你醒来后会与此前有所不同吗?如果是,会有什么不同?接下来,想想如何才能让这个奇迹

[①] 《瞬变》一书已由中信出版社于2014年出版。

成为现实。

> **小结** 了解你的亲密朋友和家人（即"爱你的批评者"）如何看待你的个性，这样你就能更全面地了解自己现在是个什么样的人。

原则三：
真正的改变始于行动

改变性格的愿望始于内心，但仅有内在的雄心是远远不够的。一个最简单却最深刻的教训是，除非你开始采取一些不同的行动，否则什么都不会改变。回想一下，自从开始阅读本书，你采取了哪些实际行动去改变自己？

如果你保持同样的日常生活、坚持同样的爱好、在同一个公司上班、维持同样的习惯、做同样的工作、待在同一个社区，那么无论你内心深处多么渴望提高尽责性、开放性、外向性等，都无济于事，因为如果你生活中的一切都保持不变，你的行为一如既往，那么你必然跟以前的自己没什么区别。当你打破往日那些旧模式时，改变的过程就开始了。如果你不知道从哪里着手，就问问自己，改变的第一步是什么，然后去做。正如威廉·詹姆斯所说："从现在开始，做你希望成为的自己。"

作为一名作家，我需要长时间独处，我注意到这将我塑造成了一个非常内向的人,我也一直试图通过提升我的外向性来平衡内向性。这并不是说内向不好,只是我觉得环境把我塑造得过于内向,超出了我认为合适的限度。

为了增强外向性,我像许多独自工作的人一样采取了一个措施,那就是定期走出家门,到一家咖啡馆去写作。我已经这样做了多年,但我经常感叹,虽然我努力走到外面的世界,但这个世界相当冷漠,没有给我回应。当然,去咖啡馆能让自己换个环境,这是很好的,但实不相瞒,我点完咖啡后,很少和别人说话。我做的另一件事是定期去健身房,但我总是独自沉浸在耳机中的音乐里,虽然身处公共场合,但其实还是相当于独处。

今年早些时候,根据我在本书中提出的建议,我意识到除非开始采取一些不同的行动,否则一切都不会改变。多年来,我虽然经常去咖啡馆和健身房,但在日常生活中一直在做完全一样的事情,并没有增加与陌生人的交流,我还不停地抱怨什么都没有改变,包括我那过于内向的性格。

我需要开始采取不同的行动。于是,在我经常去写作的那家咖啡馆所在的乡村俱乐部,我开始每周上几节健身课,其中包括一节拳击课,这种课程要求我必须有一个搭档,换句话说,我必须参与面对面的社交。虽然我因为一个人都不认识而有些不舒服,但我可以告诉你,我已经感觉到自己开始有所改变。这可能只是一点儿细微的变化,但我觉得我已经走出了禁锢自己的那个"壳"。这一切始于我开始意识到,如果想改变性格,就要付诸行动,开始采取一些不同的行为。

新行为、新习惯对于改变性格的重要性已经得到研究的支持。当参与研究的志愿者受到了指导，需要遵循具体的、相关的行为步骤去实现改变时，他们就能更成功地实现他们期待的性格改变，这些行为包括采用明确的"如果 – 那么"思维，比如"如果我处在 X 的情况下，那么我就会做 Y"。

另一项研究表明，如果只有想改变性格的意图，却不采取任何实际行动，那么反而可能带来有害结果。[5] 参与这项研究的志愿者每天都记下了自己改变性格的意图，以及是否根据别人的建议采取了实际行动，应对各种挑战，以促进这种性格改变。结果，他们成功应对的挑战越多，实现的改变就越多，但可悲的是，那些发誓要改变自己的行为方式却没有采取行动的人，性格非但没有变得更好，反而倒退到了更差的程度，这或许是因为他们的受挫感。这项研究证实了我自己的经验：除非你准备采取不同的行动，否则改变将会以失败告终。

| 小结 | 性格的改变始于行动。你打算采取什么行动去改变自己？ |

原则四：
性格改变易于开始，却难以坚持

每天都有人给自己定下新目标，尤其是在新年伊始，世界各地数以百万计的人都会树立新年目标，信誓旦旦地想要让自己变得更好。无论是变得更健康、戒烟、多读书，还是改变性格，这些目标都值得称赞，但普遍情况是，这种决心往往会逐渐淡化，人们很快就会重拾旧习惯。

心理治疗师、作家杰弗里·科特勒在《改变》(Change)一书中引用了一项研究，表明人们戒除赌博、暴饮暴食等习惯的失败率高达90%。[6]他写道："在生活中，与长期坚持这些改变相比，开始改变相对容易。"难以坚持的原因在于，你的想法和行为在很大程度上是习惯性的。（记住，你的性格特质在某种意义上就是许多习惯的总和，这些习惯共同塑造了你当前的样子。）如果某件事是习惯性的，那就意味着它是自发的，不需要你刻意付出任何努力。这种思考、感觉和行动方式不需要你进行有意识的干预。

比如，当一个尽责性较低的烟鬼在早上的咖啡时间抽烟时，他不需要刻意提醒自己，而是会自然而然地在这个时间抽烟，这只是一种条件反射。当一个非常外向的社交达人来到一个满是陌生人的聚会时，她不会刻意告诉自己要和碰到的第一个人聊天，这只是她不假思索的行为。要想实现持久的性格改变，就得打破那些将你塑造成当前样子的旧习惯和旧惯例，然后用新的习惯去取代它们，但这并不意味着你从每天醒来的那一秒就必须以同样的方式行动和思考。改变性格就是改变你的行为倾向，这意味着你必须非常努力地培养在各种情况下的思维习惯和行为习惯，直到它们成为你本能的、自发的"第二天性"。

要想养成新的思维和行为方式，关键在于坚持。关于新习惯的形成的研究并不多，但 2010 年的一项研究或许有助于你了解坚持的重要性。这项研究要求正在培养某种新习惯的学生每天登录一个网站，并记录自己坚持这个新习惯的情况，以及这个新习惯的自发性是否越来越强。[7]比如，每天晚餐前跑个步或午餐时搭配一点儿水果（这些努力如果卓有成效，将有助于提高性格中的尽责性水平）。尽管不同的人存在很大差异，但一个新行为变成完全成熟的新习惯（达到其最大自发性）的平均时间是 66 天。

你可以使用各种方法将新习惯坚持下去，防止旧习惯"复发"。许多习惯其实是对特定"线索"的反应，比如，特定的时间（一下班就打开电视）、特定的地方（一到咖啡店，就会点一份松饼搭配咖啡）或者某件事发生时（一旦工作出问题，就开始认为自己是个失败者）。改变习惯的关键是学会识别这些线索，要么避免它们，要么用新的行为取代条件反射式的旧行为。

同样重要的是，你可以看看自己现有的、无用的习惯能满足什么样的目的或需求。你会发现，如果你能用一种能够满足同样的需求却更健康的行为去取代那些坏习惯，你就会更容易打破旧习惯。比如，之前，你一下班就看电视的习惯是为了让自己放松下来，上午 10 点左右吃松饼是为了让自己精神振奋，自我批评是希望下次做得更好。如果你找到了更健康的替代行为，能起到类似的作用，那么打破之前那些旧习惯就会变得更容易。比如，你可以在下班后选择参加一项运动或培养一种爱好作为放松方式，可以选择同朋友或同事聊天让自己振奋起来，或学会把失败视为学习和发展的机会。这一系列改变有助于培养你的责任感，并降低你的神经质水平。

当然，在培养新习惯的过程中难免会有疏漏，甚至回归旧习惯，这种情况可能会诱使你放弃培养新习惯，但不要灰心。虽然美国伟大的心理学家威廉·詹姆斯在《心理学原理》一书中指出，在试图养成一种新习惯时，哪怕一次疏漏都是致命的，比如某天偷懒没跑步、某次回避与他人的对话、屈服于某个诱惑，但这一观点没有得到其他研究的支持。尽管频繁放弃执行新习惯在日积月累之下的确会产生负面效应，但上述追踪学生们新习惯培养的研究发现，一两次疏漏并不算什么大问题，重要的是要原谅自己的疏漏，且不要让它们变得更严重。你要不忘初心，坚决将新的、健康的习惯坚持到底。起初的疏漏不算什么，接下来怎么做才最重要。正如作家、习惯研究专家詹姆斯·克里尔说："当成功人士失败时，他们很快就会振作起来。如果一个人能很快地重拾旧习惯，那么打破旧习惯也没有什么问题。"[8]

小结 | 为了确保最终能够改变性格，你要把新行为、新倾向坚持到底，直至其成为一种自然而然的习惯。

原则五：
性格改变是一个持续的过程，需要坚持追踪进展

在追踪性格改变方面，也许你不需要像本杰明·富兰克林那样极

端——20岁时,他开始每天记录自己努力培养13种品德(包括谦逊、真诚和秩序等)的情况,并重点记录每一次失败。然而,他能意识到追踪自己进展的重要性,的确非常聪明。如果你不记录自己在性格改变方面的尝试,那么你将很难知道自己是否取得了进步,是否需要继续坚持目前的努力方式,或者是否需要尝试不同的方法。

不幸的是,很多人在采取改变性格的行动之后,只知道一味埋头前行,而不去检查这些行动是否真的奏效。心理学家给这种倾向起了个名字——"鸵鸟式问题"。如果你对自己采取的措施和做出的改变很满意,那么你最不愿意接受的一点或许就是忽然发现行动效果并没有想象的那么好,或者自己之前的努力都白费了,并未带来你所期待的积极效果,甚至更糟糕的是适得其反,给你造成了巨大痛苦。然而,从长远来看,如果你真想成功地改变自己的性格,那么至关重要的一点是,你要定期检查自己是否在进步,以及自己所做的改变是否真的有益。

从学生学习数学到病人学习新的、健康的行为方式,在不同背景下进行的研究都表明,一个人如果定期回过头来,反思一下自己的努力是否奏效,则往往在学习新事物和改变性格方面更成功。在改变性格的背景下,你可以尝试通过写日记去反思自己的努力:记录下正在采取的新行动以及其他有助于培养某种性格特质的活动,以确保你的确在坚持培养新习惯(各种应用程序和智能手表让这变得比以往任何时候都容易);定期进行性格测试(https://yourpersonality.net 这个网站提供免费的性格测试,可用于反复自测),看看你的性格特质是否在朝着你希望的方向改变。

在改变性格的过程中，人们之所以不愿意时常回头追踪自己的进步情况，最常见的原因是害怕忽然发现自己以往的努力都是徒劳，或者忽然发现自己表面上取得的进展都是假的。要克服这种恐惧，你要提醒自己偶尔的疏漏没什么大不了的（参见原则四），要摆脱"全或无"的思维，不要纠结于是否存在失误或疏漏。现实情况可能更加复杂。你可能在某些方面取得了进步，而在另一些方面却没有；或者在某些方面进步得很快、很轻松，但其他方面的目标则更加难以实现或没有帮助。请记住，努力的效果并不总是线性递增的。

无论最终目标是学习一项新技能、减肥、改变性格特质，还是完成某项使命，只要你在试图培养一个新的生活习惯，即使需要一些时间才能看清目标，其本身已经算是一种成就了。与此同时，当你尝试培养一个新习惯时，要适时地奖励自己，这将为你提供强大的动力。当然，要做到这一点，你需要追踪自己的进展。顺便说一下，心理学家发现，在商业环境中，推动团队成功的最重要的因素之一，是团队成员都能感觉到自己在朝着目标不断进步，这种现象被称为"进步原则"。同样，就实现个人目标而言，经常回头检查一下自己是否真的有所进步，也可以帮助你实现目标。

小结	记录你的进步，这样你就能知道自己的努力是否有效，而且在性格持久改变的道路上取得里程碑式成就之后，可以奖励自己。

原则六：
在性格改变的程度方面，要抱有务实的态度

在解释"务实"的必要性之前，我需要重申的是：你有能力改变自己，也终将实现这一目标。无论你年龄多大，你的性格都在不断成熟。你可以有意识地利用性格的这种可塑性，以你期待的方式改变自己。

这种适应性是有生物学意义的。如同地球上的许多生物一样，我们已经进化出了改变行为倾向以适应自身所处环境的能力。与其他动物不同的是，我们可以有意识地控制性格的灵活性，并选择改变自己。

人们通常认为性格取决于基因，并且认为基因的影响是固定不变的，从而限制了性格的重塑。但事实上，这依然给生活经历留下了足够的重塑空间。更重要的是，令人兴奋的表观遗传学研究表明，不同的经历可以改变基因表达的方式和时间，因此，即使是决定性格的基因表达也不像人们曾经认为的那样固定不变。

伊利诺伊大学的布伦特·罗伯茨是研究性格可塑性的权威专家，他把这称为"表型可塑性"（即你的基因和你所处的环境共同发挥作用，影响着你的变化）。他写道："我们之所以用'可塑性'这个隐喻，是因为生活经历对基因表达方式的修改会导致其形式和功能上的永久变化，就像清理烟斗的通条可以被弯曲成型，且长期保持这种形状。"[9]

对任何希望改变自己性格的人来说，这些事实都令人兴奋且鼓舞人心。然而，我仍然相信，成功改变性格的一个基本原则是，对于自己的性格究竟能实现多大程度的改变，你要抱有一种现实和诚实的态

度。现在，你可以暂停一下，想一想自己究竟准备在追求性格改变之路上走多远。

我之所以提出这个问题，是因为虽然最新的科学发现表明一个人完全可以实现性格的改变，但这种改变并不容易，也不是像施了魔法般突然发生的（一些书的标题宣称只需要 30 秒或 59 秒就能改变性格，但实际上肯定需要更多时间）。[10] 改变性格需要顽强地坚持，需要改变你的日常习惯，包括你经常去哪里、经常做什么，可能还包括你经常和谁在一起。换句话说，它需要颠覆往日的很多习惯。请诚实地回答：你打算改变多少之前的生活方式？你会继续做同样的工作、交同样的朋友、维持同样的爱好及同样的日常生活吗？惯性的力量很强大，生活中你面临的惯性越多，就越会遵循往常的习惯，和同样的人在同样的圈子里活动，这样一来，你的性格特质就越稳定。

所以，虽然我们每个人都有大幅改变性格的潜力，但除非你做好充分的准备，并能真正改变你的生活和处境，以及你同外界的互动方式，否则性格重塑的空间非常小。正如杰弗里·科特勒在《改变》一书中所说："这并不是说我们应该放弃梦想，而是我们应该在真正想要的、可能的目标和为了达到目标而愿意做的事情之间，做出妥协。"[11]

另一个需要谨记的问题是，当你忙于改变性格的某个方面时，你可能会发现这导致你性格的其他方面出现了复杂的问题。以我自己为例，我在试图提高自己的尽责性的过程中，时常担心其他事情，从而加剧了我的神经质。这表明，即使你在改变性格方面拥有非常具体的目标，你依然要意识到采取全局视角的重要性。就我自己而言，我学会了同时兼顾尽责性和神经质。

这些提醒并非为了打击你。正如我之前所说的,成功的性格改变不是一蹴而就的,即使只是对性格特质进行了非常细微的调整,也能带来益处。这些积极的影响可能会像滚雪球一样越来越大,把你的生活带向不同的、更有利的方向。

我在这里希望表达的要点是,要以务实的态度看待究竟能在多大程度上改变自己的性格,因为不切实际的期望是改变自我的主要障碍。错误的希望难免导致失望,还会引发一个消极循环,导致你放弃一切尝试。你刚开始做计划时可能认为改变自我的方式很简单、非常轻松,这种不切实际的幻想可能一开始会让你振奋,但它终将让你陷入虚假的自信,让你的大脑误以为艰苦的工作已经完成。

相反,从长远来看,对性格重塑之路上的障碍保持务实的态度会让你获得更多成功。你要有意识地强迫自己思考一下这个过程中可能遇到的挫折,这是一种有益的做法,心理学家称之为"心理对照策略"。你不妨一试,想一想打算用什么方式改变自己的性格,写下成功实现目标带来的三个好处(有助于提振情绪),然后停下来,思考一下前进路上的三个主要障碍,把它们也写下来。这样做会帮你保持更务实的态度,确保你把动力和精力投入最需要的地方。

| 小结 | 诚实地告诉自己,在追求性格改变的过程中,你准备走多远。务实一点儿总比抱有不切实际的期望好。 |

原则七:
有别人的帮助,你成功的可能性更大

回想一下你通常在家庭聚会或朋友圈中扮演什么角色。在这些圈子里,我们往往从很早开始就被贴上形形色色的标签(这些标签不一定是明确表达出来的),以表明我们肤浅的身份或角色,比如书呆子、傲慢无礼等等。辣妹合唱团就非常善于利用这种行为,该组织给每一个成员都起了昵称,比如"运动辣妹""时髦辣妹"等。然后,我们就像在戏剧或摇滚乐队中扮演某个角色那样,生活在这些社会标签的影子之下。

这种夸张描述或昵称可以是富有感情的打趣,也可能是一种讥笑。就你的个性发展而言,如果你的朋友和家人对你的描述符合你期待的自我(即你的理想自我),那么这将对你起到一种解放和激励的作用,促使你按照自己期待的方式成长。但如果他们对你的描述完全不符合你的理想自我,你不太喜欢自己扮演的社会角色,那么这将会使你自我完善的过程变得更加困难。

研究人员分析了人们接受心理治疗时讲述的隐秘故事,发现他们频繁地提到很想让亲密的朋友和家人接受和理解自己,但实际上却屡遭拒绝、反对和控制。[12] 结合自己最亲密的社交圈的情况考虑一下,你就会觉得这种发现其实并不令人惊讶。因此,成功改变性格的一个重要原则就是,让你最亲密的家人和朋友理解、支持和相信你正在寻求的改变,有了他们的支持,你会发现自己的改变之路变得更容易。反之,虽然你也有可能成功,但如果有机会让这些对你非常重要的人支持你,甚至结交尊重你、珍视你的新朋友,这肯定对你的自我改变更加有利。杰弗里·科特勒在《改变》中写道:"你改变自我的努力能否奏效,最佳预测指标之一就是你从别人那里得到了多大程度的支持。"[13]

社交支持的重要性也适用于你最私密、最浪漫的关系。关于这一点,心理学家发现并记录了一种被称为"米开朗基罗效应"的现象——米开朗基罗将雕刻描述为一个发现石头里已经存在的人物的过程。同样,伴侣也可以通过努力,让对方变成其理想中的样子。比如,如果伴侣眼中的你恰如你自己期待的样子,那么你就更容易变成理想中的自我,如果你的另一半的行为方式与你推崇的一样,也会起到同样的作用。作为回报,你可能会发现米开朗基罗式的人际关系更有益,令人感觉更真实。

不仅最亲近的人的期望和看法会对你的性格发展产生影响,在工作场所或朋友圈中广泛存在的文化和行为规范(公认的待人接物之道和其他道德观)也会塑造你的性格,阻碍或促使你寻求改变。比如,如果你在一个气氛不友好的办公室工作,同事们经常互相攻击,那么这极有可能影响到你,降低你性格中的亲和性并提高你的神经质水平。事实上,作家兼心理学家亚历克斯·弗拉德拉把无礼称为"工作场所的病毒",因为它就像感冒一样会在办公室文化中传播开来。[14]你的朋友圈中也会发生同样的事。比如,如果你的朋友大都缺乏抱负或自律,那么你就很难找到培养这些素质的动力。

值得庆幸的是,反过来看,这种效应也是正确的。一项研究招募了某公司的一小部分员工,让他们为一些同事做点儿好事,比如为他们提供帮助或做一些充满善意的举动,如此持续数周,观测受助者的感受和行为。结果发现,施予者和受助者都从中受益,感觉自己变得更快乐,做事的自主性更强。最重要的是,这些受助者自己最终也变得更乐于助人、更加善良。这个结果表明，利他主义和亲和性如同各种不文明行为一样，也可以在人与人之间传播开来。[15]

别人对你扮演的角色的看法和期望，以及你的工作和朋友圈对你的影响都关系到你改变性格的努力能否取得成功。因此，当你努力改变自己的性格时，必须考虑自己所处的社会环境的影响。这些因素可能超出你的控制能力，你不太可能控制它们，但如果你交往的人具备你珍视的性格特质，那么你会发现在自己身上培养这些特质会更容易。

小结 | 想想你大部分时间都和哪些人在一起，他们是否有益于或阻碍了你的自我改变。

原则八：
生活总会给你设置障碍，而克服障碍的诀窍就是未雨绸缪，从容应对

很多时候，日常生活中的众多琐碎细节都在塑造着你的性格。与其被动地接受这些因素的影响，不如锻炼自己的能力，选择培养新的、健康的生活习惯。对于你每天所处的环境和交往的朋友，要更加深思熟虑，并把眼光放长远，这样有助于你的性格朝着你期待的方向发展。然而，除了你改变自我的意图之外，难免还会有其他各种力量，而且这些力量往往很强大，影响着你是否会变成自己期待的样子。

其中一些积极或消极因素是不可避免的，比如疾病、婚姻、事故、建立新关系、丧亲、裁员、升职、流行病、关系破裂、衰老、获奖、得到认可、生儿育女、入狱、快乐假期、退休等等。鉴于这么多因素的存在，你为了改变性格而付出的努力就好像在大海上划着小船一样徒劳——你朝着自己选择的方向划动船桨，采纳本书提出的技巧，做本书建议的练习，但忽然，某种因素的威力搅动了大海，把你推向了另一条航线。在最坏的情况下，某个突发事件可能会摧毁你，让你的小船倾覆，令你感到无助和脆弱。

虽然没有任何方法能预防生活中的重大挑战和危险，但你可以做的就是了解一些较为常见的经历会如何影响你。正如我在第二章所述，有些影响是可以预测的，比如：离婚会让你更内向，增加孤独的风险；裁员会降低你的尽责性，增加长时间失业的风险。即使是生活中最美妙的事件，比如生孩子，也会妨碍性格的发展。比如，有研究表明，人们在孩子出生后往往会面临自尊受挫、神经质加剧的苦恼。意识到这些事件对性格的影响之后，你就可以预测性格的变化，并采取补救措施，削弱有关影响。

但发生灾难性事件的风险仍然存在，这种事件一旦发生，就会在你的生活中掀起毁灭性的巨浪，让你无所适从。应对这种动荡往往会带来痛苦和创伤，因此最好的防御是平时注重培养性格的韧性，比如增强情绪稳定性、开放性、亲和性以及尽责性，并培养有意义的、支持性的社交关系。当毁灭性的"海啸"袭击你的生活时，这些良好的性格特质以及你的社交网络将帮助你谋求生存并治愈你的创伤。

能够给我们安慰的是，"创伤后成长"的现象确实存在。许多人说生活中一些痛苦的经历反而使他们变得更好，加深了他们的人际关系，给他们带来了新的意义和视角。想想大卫·库什纳的反思吧，他的回忆录《鳄鱼糖果》（Alligator Candy）记录了他的弟弟乔恩小时候被绑架和谋杀的经历及其后果。[16] 当然，库什纳一家由衷地希望悲剧从来没有发生过。无论如何，他们在经历了这场悲剧之后活了下来，变得更团结。库什纳写道："乔恩的死一直困扰着我们，但也许正是因为这个原因，我们有一个共同的动力，那就是充分过好我们的生活。"

再说一次，平时就要注重培养良好的性格特质，唯有如此，在灾难性生活事件发生后，你才更有可能看到希望，更有可能实现积极的改变。研究表明，拥有更强的适应力、开放性，尤其是尽责性（也可能是外向性和亲和性），将使你更可能在遭遇创伤后释放成长的潜力。[17]

小结 | 平时就培养你的适应力，当遇到动荡或者更糟糕的情况时，让自己振作起来，这是你改变自我的最佳机会。

原则九：
善待自己比打击自己更有可能带来持久的改变

如果你同自己期待的样子还有一段距离，即心理学家所说的现实自我和理想自我之间存在着很大的差距，那么你就要小心行事了。如果你对这种差距极端不满,没有谨慎处理,则可能加剧自己的不悦,甚至使你面临患上抑郁症的风险。为解决这个问题,既要以平衡的心态(诚实、耐心和现实,参考原则二和原则六)去接受现状,避免滑向顺从、屈服、灰心丧气、丧失生活动力的深渊,也要诚实地对待自己,关怀和理解自己,看到自己谋求改变的潜力。

能否成功达到这种平衡的关键在于,当事情没有完全按照计划进行时(这种情况是难免的),你会做出什么反应。想象一下,你树立了一个目标——让自己变得更有责任感,但在一个周日的早晨,你睡眼惺忪地盯着镜子,暗暗自责前一天晚上的自我放纵对自己太不负责,好像让身体遭到了严重的损伤。在这种情况下,你将作何反应?你会羞愧且严厉地自我批评吗?你是否会为自己的过失而自责,并认定这只是你意志薄弱的最新例证?你担心别人怎么看你吗?

对这些问题回答"是",则表明你具有不健康的完美主义倾向,容易悲观、自责、害怕他人的严厉评判,而且有一种本质主义思维方式——每次遭遇挫折,就认为这次失败体现了自己的本质,好像遭遇挫折是由自己某种固有的、根本的、内在的东西决定的,从而诱导你放弃改变自我,以避免未来再次遭遇任何失败。

相反,如果你能像一个健康的完美主义者那样思考,原谅自己的过失,少担心自己是否能够满足别人的期望,多考虑是哪些环境因素和行为导致了这次挫折(或其他类似的挫折),你就更有可能维持改变自我的动力。毕竟,在聚会上失言、考试不及格或与伴侣发生激烈争吵等等,都是你在通往更外向、更开放和更亲和的道路上容易发生的典型的、意料之中的失误。

是的，诚实面对自己当前的性格特质很重要（如原则二所述），因为自欺欺人地认为自己是一个多么伟大、完美的人，并非成功改变自我的方法。当然，为自己的错误承担责任是正确的，但不要拘泥于一次失败或失误而难以自拔。这时，你需要停下来反思一下，然后更多地关注自己能够从失误中学到什么，以及下次应该采取哪些不同的措施才能带来更好的结果。没错，你需要为自己的失误和错误感到内疚并承担责任，但不要将单次错误作为自己性格的永久性评判依据，以免导致自己在当下及未来一直深陷于自责羞愧的泥潭。

换句话讲，如果事情没有按照计划进行，或者没有满足你的雄心，那么你不要过于自责。如果改变性格的过程充斥着一次又一次的痛苦和失望，那么你注定会很快放弃。这个过程不应该变得令人无法容忍，甚至在较好的情况下，它应该给人带来巨大的回报。所以，你要像对待你在乎的朋友一样，拿出耐心和关怀善待自己。要更多地关注如何学习和培养自己重视的习惯及生活技能，应对由此造成的长期挑战。此外，考虑一下你是否正朝着正确的、能够践行你的人生使命的方向前进，而不是纠结于你是否成功地实现了某个特定的、与最终目标无关的结果，或者是否达到了别人可能有失公允的期望（比如所谓的绩效目标）。

小结	在追求性格改变的过程中，要以关怀之心善待自己，就像对待一个有着相同目标的亲密朋友一样。

原则十：
笃信性格改变的潜力和持续性是一种生存哲学

在一个人犯错之后，一个经常出现的悲观说法是"人是不会变的"，后面还经常跟着一句"本性难移"。既然你现在已经读到了本书的结尾，我希望你对这个说法持反对意见。大量的逸事证据表明，人可以改变，而且确实会改变。就在我撰写本书的过程中，一系列客观的研究结果也在不断出现。

我们不妨看看美国在 2018 年末发布的一项研究。该研究先后两次测量了近 2000 人的性格，分别是在其 16 岁和 66 岁的时候，间隔 50 年。他们性格测试的分数并未彻头彻尾地改变，这体现了我之前提到的性格连续性。然而，在被纳入测量范围的 10 个性格特质中，98%的人至少在其中一个特质上出现了重要变化，近 60% 的人在 4 个特质上出现了重要变化。这些变化总体上是积极的，比如韧性和尽责性趋于增强。研究人员说："尽管个体的部分核心人格在一生中从未消失，但个体也会发生变化。"[18]

认识到性格能够改变的可能性非常重要，你不必非得接受自己原本的样子，而是可以努力改变思维习惯、行为习惯和情绪状态，以改善自己的生活、工作和人际关系。记住，很多关于性格的积极变化的证据都是一生中自然发生的事情，没有任何目的性。如果你经过深思熟虑，有意识地致力于改善性格，实施本书列出的建议，那么你改变的程度可能超出这些研究记录。

性格在一定程度上具有流动性，并在人的一生中不断变化，这一观点不仅呼应了佛教的"无常观",还呼应了心理学家卡罗尔·德韦克提出的"成长型思维模式"。大量研究表明,这种思维模式是有益的,使你更有可能应对和适应生活中的挫折。一项针对青少年抑郁和焦虑问题的研究发现,关于性格可塑性的30分钟的课程有助于减轻他们的症状,并能引导他们通过思考如何改变自己的行为来应对逆境(而不是感到绝望)。[19]

这种生活态度的一个重要部分就是承认性格改变之路永远没有终点。让性格变成自己期待的样子不是一蹴而就的工作,不像买到了自己梦想中的房子或在脖子上挂上一枚奖章那样在完成后就算结束了。要成为最好的自己,需要付出一生的努力,就像本书开篇提到的安东尼·约书亚所说的那样:"保持诚实正直是颇具挑战性的。"[20]

当你应对不同的挑战、责任和陷阱时,比如事业受挫、罹患疾病、同事的嫉妒或者伴侣的任性,你或许会一次又一次地发现自己形成了一些无益的性格特质,这时你需要再次努力做出积极的改变。随着年龄增长,一个人的性格会不断成熟和成长,而性格改变之路就是一个退一步、进两步的过程,希望读者们能获得足够的外界支持,积极致力于养成自己期待的性格特质。

小结 | 性格会不断变化,致力于成为最好的自己需要付出一生的努力。

后记

内迪姆·亚萨尔不知道究竟是什么袭击了自己。在哥本哈根的那个傍晚,空气中弥漫着一股寒意。这个身材高大、有文身的男人刚参加完一个鸡尾酒派对,庆祝一本关于自己人生的书的出版。脑子还在嗡嗡作响的他刚刚坐到汽车座椅上,头部就中了两枪。急救人员急忙将其送往医院,但当夜他还是由于伤重死亡。

那个派对的举行地点是丹麦红十字会青年分会,内迪姆是那里的广播节目主持人,堪称问题青年的人生导师。该组织的负责人安德斯·福尔默·比赫特在接受《纽约时报》采访时说:"内迪姆善于鼓舞人心,但从不说教,产生了很大的影响。他非常看重价值观,也非常清楚自己想要打造什么样的社会,但他也很清楚自己的过去。"[1]

内迪姆曾是臭名昭著的犯罪团伙"格雷罗家族"(Los Guerreros)的头目。他在事发7年前离开了这个团伙。在监狱中的一个改造项目的帮助下，再加上儿子的出生给他带来的思考，他成功地改变了自己曾经冷酷、暴力的性格，但他无法抹杀自己的过去。可悲的是，过去缠上了他。

但内迪姆的励志故事依然在流传着，强有力地证明了人具备改变自己性格的能力。[2] 他的电台节目编辑拉姆索夫在他死后说，内迪姆在完成了监狱改造项目后，"变成了一个完全不同的人……决定更加坚定而勇敢地反对黑帮，帮助年轻人了解犯罪对他们没有任何好处"。[3] 我在本书讲述了大量类似的故事和基于科学研究的最新证据，它们都表明性格的改变是真实存在的。事实上，我曾担任过一个网站的编辑，该网站主要报道心理学领域的最新发现，几乎每周都有一个或多个新研究记录了人们各个方面的性格变化。

然而，反对性格的可塑性，即反对人可以真正改变的观点仍然很普遍。正如性格研究领域的领军专家布伦特·罗伯茨所说："性格特质不仅存在，而且还可以被人为地改变，这有点儿超越了每个人的世界观。"[4]

我经常亲身经历这种质疑。最近，在英国神经科学协会举办的一个招待会上，我发表了关于大脑之谜的公开演讲，并有幸与英国最杰出、最有魅力的心理学家之一交谈，她是心理学领域国际公认的资深专家。当我告诉她本书的主题时，她的第一反应是极度怀疑。如同许多人（包括许多不专门从事性格研究的心理学家）一样，她也相信一个人的性格无法真正改变。但她说："性格特质的关键特点不就是不会改变吗？"她以其特有的敏捷思维，很快指出了两个"不妥协"的名人：唐纳德·特朗普和英国前首相特蕾莎·梅。

那一刻对我来说有点儿猝不及防。对于那些反对性格可塑性的人来说，这两人都是很好的例证。特朗普和梅有着截然不同的性格，但两人在任期内经常因为他们共同的僵化性格而受到批评，而且两人似乎都无法改变。

我试图举出一些反例，但令人尴尬的是，当时我的大脑一片空白（我给自己找的借口是，我的大脑还没从公开演讲的状态中恢复过来）。当谈话转到其他话题时，我的脑海里立刻浮现出本书记录的许多成功改变性格的人物，比如：马吉德·纳瓦兹，他曾是一名伊斯兰激进主义者，后来成了和平活动家；安东尼·约书亚，曾经的罪犯，后来变成了青少年的榜样；尼克·亚里斯，曾经的罪犯，后来痴迷于富有同理心的生活方式；艾玛·斯通，曾经极度害羞的少女，后来成为好莱坞巨星；卡特拉·科比特，曾经的瘾君子，后来成为超长跑运动员。在每个案例中，这种改变都反映在性格特质的显著变化上，尤其是开放性、尽责性和亲和性的增强，以及神经质的减少。

我还想到了其他反驳的理由。首先，像特朗普和梅这样的公众人物可能在某些方面有所改变，只是公众并未看到（观察员的评论往往只聚焦于自己最不喜欢的性格特质，比如特朗普的自恋或梅的缺乏魅力）。但我说过，最重要的一点是，只有当一个人想要改变时，性格才可能发生重大变化。特朗普、梅，以及其他许多人都强烈地传递出这样的信号：他们对自己的现状感到满意，不愿做出任何改变。从某种程度上讲，固执可能是他们的一种优势，但也可能是他们最大的弱点。

我认为，如果像本书所描述的那样，连惯犯、精神病态者、害羞的学生，甚至可能成为极端分子的激进主义者都能改变自己的性格，那么我相信你也可以变成自己期待的样子。

致谢

本书得以付梓面世,要感谢两位我未曾谋面之人:墨池版权代理公司(Inkwell Management)的图书代理人纳特·杰克斯以及西蒙与舒斯特出版公司(Simon & Schuster)的编辑阿玛·多尔。我们未曾谋面这件事的确非同寻常,但这并不是我们某个人极端内向或刻意回避造成的,而是因为纳特和阿玛都在纽约,而我在英国的萨塞克斯郡的乡下。

感谢纳特在大西洋的彼岸温和地鼓励我撰写我的第一本蕴含"重大创意"的书。我需要激励,因为那一年我的双胞胎出生了,我时间紧张,睡眠不足。从那以后,生活就像坐过山车一样,但纳特一直友好地给我提供建议和支持。

感谢阿玛对本书的信任,并指导我完成写作过程。我很感激他自始至终的热情和幽默,尤其是他给我的在书中表达自己理念的信心。

我希望有朝一日能够见到纳特和阿玛,当面表达感谢!

同时,我还要感谢西蒙与舒斯特出版公司的茨波拉·拜奇,她为本书的出版给予了大量的指导。还要感谢贝弗利·米勒和伊薇特·格兰特的精心编辑和制作。

在离家乡更近的英格兰,我很感激利特尔&布朗图书集团(我在英国的出版商)的安德鲁·麦克卡利尔对本书的热情指导。也要感谢我在伦敦的经纪人、苏荷代理公司的本·克拉克。

多年来,我一直在为公众撰写关于人格心理学的文章,在此过程中借鉴了大量心理学家的研究和理论。我要感谢他们,包括布伦特·罗伯茨、罗迪卡·达米安、茱莉亚·罗勒、斯明·瓦兹、斯科特·巴里·考夫曼、布莱恩·利特尔、丹·麦克亚当斯、维布克·布莱敦、奥利弗·罗宾逊,以及凯文·达顿等。

同时,感谢本书讲述的所有克服挑战、改变性格的励志人物,非常感谢你们。

在我刚开始撰写本书后不久,我还在英国广播公司的 Future(未来)栏目开设了自己的人格心理学专栏(我在那里写了本书中涉及的一些想法),我非常感谢我的编辑,尤其是大卫·罗布森、理查德·费舍尔、扎里亚·戈维特和阿曼达·鲁格里,感谢他们帮我润色文本,并告诉我如何将心理学的发现与读者的日常生活联系起来。

2019 年,当本书即将完成时,我的工作也发生了一次重大变动:我离开了我在英国心理学会做了 16 年的编辑岗位,并加入网络杂志《万古》(*Aeon*)旗下新设立的姐妹杂志《心灵》(*Psyche*),该杂志于 2020 年 5 月推出。感谢我在《万古》和《心灵》的所有新同事,感谢你们对我的热情鼓舞,尤其感谢布里吉德和保罗·海恩斯对我的信任,并向我展示了如何将严谨的智慧与开放的思想融合在一起。

我要感谢约翰·肯普-波特。在我撰写本书的这些年里,我们每周为争夺乒乓球"霸主"地位而进行的比赛非常有趣,这有助于我控制自己的神经质!

我还要感谢最亲最爱的家人。善良、慈爱的母亲为我提供了慰藉和智慧,父亲培养了我的竞争精神。我美丽可爱的双胞胎罗斯和查理,看着你们的性格不断完善、熠熠闪光,是一种无与伦比的快乐。谢谢我亲爱的妻子和灵魂伴侣祖德,我更爱你了。

注释

第一章

1. "Anthony Joshua v Jarrell Miller: British World Champion Keen to Avoid 'Banana Skin,'" *BBC Sport*, February 25, 2019, https://www.bbc.co.uk/sport/boxing/47361869.
2. Michael Eboda, "Boxing Changed Anthony Joshua's Life. But It Won't Work for Every Black Kid," the *Guardian*, May 5, 2017, https://www.theguardian.com/commentisfree/2017/may/05/boxing-changed-anthony-joshua-black-kid-education.
3. Jeff Powell, "Anthony Joshua Vows to Create Legacy in and out of the Ring with His Very Own Museum But Aims to Beat 'Big Puncher' Joseph Parker and Deontay Wilder First," *Daily Mail*, March 30, 2018, https://www.dailymail.co.uk/sport/boxing/article-5563249/Anthony-Joshua-vows-beat-big-puncher-Joseph-Parker.html.
4. David Walsh, "How Tiger Woods Performed Sport's Greatest Comeback," the *Sunday Times*, July 14, 2019, https://www.thetimes.co.uk/magazine/the-sunday-times-magazine/how-tiger-woods-performed-sports-greatest-comeback-png7t7v33.
5. Jonah Weiner, "How Emma Stone Got Her Hollywood Ending," *Rolling Stone*, December 21, 2016, http://www.rollingstone.com/movies/features/rolling-stone-cover-story-on-la-la-land-star-emma-stone-w456742.
6. Alex Spiegel, "The Personality Myth," NPR, podcast audio, June 24, 2016, https://www.npr.org/programs/invisibilia/482836315/the-personality-myth.
7. "Noncommunicable diseases and their risk factors," WHO.Int, accesssed January 25, 2021, at https://www.who.int/ncds/prevention/physical-activity/inactivity-global-health-problem/en/.

8. Gordon W. Allport and Henry S. Odbert, "Trait-Names: A Psycho-Lexical Study," *Psychological Monographs* 47, no. 1 (1949): 171.
9. Other experts believe these dark traits are best captured by a sixth main personality trait that taps humility/honesty.
10. Roberta Riccelli, Nicola Toschi, Salvatore Nigro, Antonio Terracciano, and Luca Passamonti, "Surface-Based Morphometry Reveals the Neuroanatomical Basis of the Five-Factor Model of Personality," *Social Cognitive and Affective Neuroscience* 12, no. 4 (2017): 671–684.
11. Nicola Toschi and Luca Passamonti, "Intra-Cortical Myelin Mediates Personality Differences," *Journal of Personality* 87, no. 4 (2019): 889–902.
12. Han-Na Kim, Yeojun Yun, Seungho Ryu, Yoosoo Chang, Min-Jung Kwon, Juhee Cho, Hocheol Shin, and Hyung-Lae Kim, "Correlation Between Gut Microbiota and Personality in Adults: A Cross-Sectional Study," *Brain, Behavior, and Immunity* 69 (2018): 374–385.
13. Daniel A. Briley and Elliot M. Tucker-Drob, "Comparing the Developmental Genetics of Cognition and Personality over the Life Span," *Journal of Personality* 85, no. 1 (2017): 51–64.
14. Mathew A. Harris, Caroline E. Brett, Wendy Johnson, and Ian J. Deary, "Personality Stability from Age 14 to Age 77 Years," *Psychology and Aging* 31, no. 8 (2016): 862.
15. Rodica Ioana Damian, Marion Spengler, Andreea Sutu, and Brent W. Roberts, "Sixteen Going On Sixty-Six: A Longitudinal Study of Personality Stability and Change Across Fifty Years," *Journal of Personality and Social Psychology* 117, no. 3 (2019): 674.
16. Rafael Nadal and John Carlin, *Rafa* (London: Hachette Books, 2012).
17. "Open Letter to Invisibilia," Facebook, June 15, 2016, https://t.co/jUpXPmcBWq.
18. Angela L. Duckworth and Martin E.P. Seligman, "Self-Discipline Outdoes IQ in Predicting Academic Performance of Adolescents," *Psychological Science* 16, no. 12 (December 2005): 939–944.
19. Avshalom Caspi, Renate M. Houts, Daniel W. Belsky, Honalee Harrington, Sean Hogan, Sandhya Ramrakha, Richie Poulton, and Terrie E. Moffitt, "Childhood Forecasting of a Small Segment of the Population with Large Economic Burden," *Nature Human Behaviour* 1, no. 1 (2017): 0005.
20. Benjamin P. Chapman, Alison Huang, Elizabeth Horner, Kelly Peters, Ellena Sempeles, Brent Roberts, and Susan Lapham, "High School Personality Traits and 48-Year All-Cause Mortality Risk: Results from a National Sample of 26,845 Baby Boomers," *Journal of Epidemiology and Community Health* 73,

no. 2 (2019): 106–110.
21. Brent W. Roberts, Nathan R. Kuncel, Rebecca Shiner, Avshalom Caspi, and Lewis R. Goldberg, "The Power of Personality: The Comparative Validity of Personality Traits, Socioeconomic Status, and Cognitive Ability for Predicting Important Life Outcomes," *Perspectives on Psychological Science* 2, no. 4 (2007): 313–345.
22. Christopher J. Boyce, Alex M. Wood, and Nattavudh Powdthavee, "Is Personality Fixed? Personality Changes as Much as 'Variable' Economic Factors and More Strongly Predicts Changes to Life Satisfaction," *Social Indicators Research* 111, no. 1 (2013): 287–305.
23. Sophie Hentschel, Michael Eid, and Tanja Kutscher, "The Influence of Major Life Events and Personality Traits on the Stability of Affective Well-Being," *Journal of Happiness Studies* 18, no. 3 (2017): 719–741.
24. Petri J. Kajonius and Anders Carlander, "Who Gets Ahead in Life? Personality Traits and Childhood Background in Economic Success," *Journal of Economic Psychology* 59 (2017): 164–170.
25. Rodica Ioana Damian, Marion Spengler, and Brent W. Roberts, "Whose Job Will Be Taken Over by a Computer? The Role of Personality in Predicting Job Computerizability over the Lifespan," *European Journal of Personality* 31, no. 3 (2017): 291–310.
26. Benjamin P. Chapman and Lewis R. Goldberg, "Act-Frequency Signatures of the Big Five," *Personality and Individual Differences* 116 (2017): 201–205.
27. David A. Ellis and Rob Jenkins, "Watch-Wearing as a Marker of Conscientiousness," *PeerJ* 3 (2015): e1210.
28. Joshua J. Jackson, Dustin Wood, Tim Bogg, Kate E. Walton, Peter D. Harms, and Brent W. Roberts, "What Do Conscientious People Do? Development and Validation of the Behavioral Indicators of Conscientiousness (BIC)," *Journal of Research in Personality* 44, no. 4 (2010): 501–511.
29. Anastasiya A. Lipnevich, Marcus Credè, Elisabeth Hahn, Frank M. Spinath, Richard D. Roberts, and Franzis Preckel, "How Distinctive Are Morningness and Eveningness from the Big Five Factors of Personality? A Meta-Analytic Investigation," *Journal of Personality and Social Psychology* 112, no. 3 (2017): 491.
30. "The Big Five Inventory-2 Short Form (BFI-2-S)," accessed October 7, 2019, at http://www.colby.edu/psych/wp-content/uploads/sites/50/2013/08/bfi2s-form.pdf.
31. Throughout this book I use the spellings "extravert" and "extraversion" (rather than "extrovert" and "extroversion") because this is how the terms are spelled in

the psychological literature, following Carl Jung's seminal writings on personality dimensions.
32. Michael A. Sayette, "The Effects of Alcohol on Emotion in Social Drinkers," *Behaviour Research and Therapy* 88 (2017): 76–89.
33. Dan P. McAdams, *The Art and Science of Personality Development* (New York: Guilford Press, 2015).
34. Michelle N. Servaas, Jorien Van Der Velde, Sergi G. Costafreda, Paul Horton, Johan Ormel, Harriette Riese, and Andre Aleman, "Neuroticism and the Brain: A Quantitative Meta-Analysis of Neuroimaging Studies Investigating Emotion Processing," *Neuroscience and Biobehavioral Reviews* 37, no. 8 (2013): 1518–1529.
35. Evolutionary psychologists also point out that being highly neurotic might have given our ancestors a survival advantage, especially during times of greater threat to life.
36. Achala H. Rodrigo, Stefano I. Di Domenico, Bryanna Graves, Jaeger Lam, Hasan Ayaz, R. Michael Bagby, and Anthony C. Ruocco, "Linking Trait-Based Phenotypes to Prefrontal Cortex Activation During Inhibitory Control," *Social Cognitive and Affective Neuroscience* 11, no. 1 (2015): 55–65.
37. Brian W. Haas, Kazufumi Omura, R. Todd Constable, and Turhan Canli, "Is Automatic Emotion Regulation Associated with Agreeableness? A Perspective Using a Social Neuroscience Approach," *Psychological Science* 18, no. 2 (2007): 130–132.
38. Cameron A. Miller, Dominic J. Parrott, and Peter R. Giancola, "Agreeableness and Alcohol-Related Aggression: The Mediating Effect of Trait Aggressivity," *Experimental and Clinical Psychopharmacology* 17, no. 6 (2009): 445.
39. Scott Barry Kaufman, Lena C. Quilty, Rachael G. Grazioplene, Jacob B. Hirsh, Jeremy R. Gray, Jordan B. Peterson, and Colin G. DeYoung, "Openness to Experience and Intellect Differentially Predict Creative Achievement in the Arts and Sciences," *Journal of Personality* 84, no. 2 (2016): 248–258.
40. Mitchell C. Colver and Amani El-Alayli, "Getting Aesthetic Chills from Music: The Connection Between Openness to Experience and Frisson," *Psychology of Music* 44, no. 3 (2016): 413–427.
41. Douglas P. Terry, Antonio N. Puente, Courtney L. Brown, Carlos C. Faraco, and L. Stephen Miller, "Openness to Experience Is Related to Better Memory Ability in Older Adults with Questionable Dementia," *Journal of Clinical and Experimental Neuropsychology* 35, no. 5 (2013): 509–517; E. I. Franchow, Y. Suchy, S. R. Thorgusen, and P. Williams, "More Than Education: Openness to Experience Contributes to Cognitive Reserve in Older Adulthood," *Journal*

of Aging Science 1, no. 109 (2013): 1–8.
42. Timothy A. Judge, Chad A. Higgins, Carl J. Thoresen, and Murray R. Barrick, "The Big Five Personality Traits, General Mental Ability, and Career Success Across the Life Span," *Personnel Psychology* 52, no. 3 (1999): 621–652.

第二章

1. Helena R. Slobodskaya and Elena A. Kozlova, "Early Temperament as a Predictor of Later Personality," *Personality and Individual Differences* 99 (2016): 127–132.
2. Avshalom Caspi, HonaLee Harrington, Barry Milne, James W. Amell, Reremoana F. Theodore, and Terrie E. Moffitt, "Children's Behavioral Styles at Age 3 Are Linked to Their Adult Personality Traits at Age 26," *Journal of Personality* 71, no. 4 (2003): 495–514.
3. M. Spengler, O. Lüdtke, R. Martin, and M. Brunner, "Childhood Personality and Teacher Ratings of Conscientiousness Predict Career Success Four Decades Later," *Personality and Individual Differences* 60 (2014): S28.
4. Philip Larkin, "This Be The Verse," in *Philip Larkin: Collected Poems*, ed. Anthony Thwaite (London: Faber, 1988).
5. Alison Gopnik, *The Gardener and the Carpenter: What the New Science of Child Development Tells Us About the Relationship Between Parents and Children* (New York: Macmillan, 2016).
6. Gordon Parker, Hilary Tupling, and Laurence B. Brown, "A Parental Bonding Instrument," *British Journal of Medical Psychology* 52, no. 1 (1979): 1–10. This is a formal questionnaire that measures authoritarian parenting.
7. Wendy S. Grolnick and Richard M. Ryan, "Parent Styles Associated with Children's Self-Regulation and Competence in School," *Journal of Educational Psychology* 81, no. 2 (1989): 143; Laurence Steinberg, Nancy E. Darling, Anne C. Fletcher, B. Bradford Brown, and Sanford M. Dornbusch, "Authoritative Parenting and Adolescent Adjustment: An Ecological Journey," in *Examining Lives in Context*, eds. P. Moen, G. H. Elder, Jr., and K. Lüscher (Washington, DC: American Psychological Association, 1995).
8. Irving M. Reti, Jack F. Samuels, William W. Eaton, O. Joseph Bienvenu III, Paul T. Costa Jr., and Gerald Nestadt, "Influences of Parenting on Normal Personality Traits," *Psychiatry Research* 111, no. 1 (2002): 55–64.
9. Angela Duckworth, *Grit: The Power of Passion and Perseverance* (New York: Scribner, 2016).

10. W. Thomas Boyce and Bruce J. Ellis, "Biological Sensitivity to Context: I. An Evolutionary-Developmental Theory of the Origins and Functions of Stress Reactivity," *Development and Psychopathology* 17, no. 2 (2005): 271–301.
11. Michael Pluess, Elham Assary, Francesca Lionetti, Kathryn J. Lester, Eva Krapohl, Elaine N. Aron, and Arthur Aron, "Environmental Sensitivity in Children: Development of the Highly Sensitive Child Scale and Identification of Sensitivity Groups," *Developmental Psychology* 54, no. 1 (2018): 51.
12. Jocelyn Voo, "Birth Order Traits: Your Guide to Sibling Personality Differences," Parents.com, accessed October 7, 2019, at http://www.parents.com/baby/development/social/birth-order-and-personality/.
13. "How Many US Presidents Were First-Born Sons?" Wisegeek.com, accessed October 7, 2019, at http://www.wisegeek.com/how-many-us-presidents-were-first-born-sons.htm.
14. Julia M. Rohrer, Boris Egloff, and Stefan C. Schmukle, "Examining the Effects of Birth Order on Personality," *Proceedings of the National Academy of Sciences* 112, no. 46 (2015): 14224–14229.
15. Rodica Ioana Damian and Brent W. Roberts, "The Associations of Birth Order with Personality and Intelligence in a Representative Sample of US High School Students," *Journal of Research in Personality* 58 (2015): 96–105.
16. Rodica Ioana Damian and Brent W. Roberts, "Settling the Debate on Birth Order and Personality," *Proceedings of the National Academy of Sciences* 112, no. 46 (2015): 14119–14120.
17. Bart H. H. Golsteyn and Cécile A. J. Magnée, "Does Birth Spacing Affect Personality?" *Journal of Economic Psychology* 60 (2017): 92–108.
18. Lisa Cameron, Nisvan Erkal, Lata Gangadharan, and Xin Meng, "Little Emperors: Behavioral Impacts of China's One-Child Policy," *Science* 339, no. 6122 (2013): 953–957.
19. Jennifer Watling Neal, C. Emily Durbin, Allison E. Gornik, and Sharon L. Lo, "Codevelopment of Preschoolers' Temperament Traits and Social Play Networks Over an Entire School Year," *Journal of Personality and Social Psychology* 113, no. 4 (2017): 627.
20. Thomas J. Dishion, Joan McCord, and François Poulin, "When Interventions Harm: Peer Groups and Problem Behavior," *American Psychologist* 54, no. 9 (1999): 755.
21. Maarten H. W. van Zalk, Steffen Nestler, Katharina Geukes, Roos Hutteman, and Mitja D. Back, "The Codevelopment of Extraversion and Friendships: Bonding and Behavioral Interaction Mechanisms in Friendship Networks," *Journal of Personality and Social Psychology* 118, no. 6 (2020): 1269.

22. Christopher J. Soto, Oliver P. John, Samuel D. Gosling, and Jeff Potter, "Age Differences in Personality Traits from 10 to 65: Big Five Domains and Facets in a Large Cross-Sectional Sample," *Journal of Personality and Social Psychology* 100, no. 2 (2011): 330.
23. Sally Williams, "Monica Bellucci on Life after Divorce and Finding Herself in her 50s," *Telegraph*, July 15, 2017, https://www.telegraph.co.uk/films/2017/07/15/monica-bellucci-life-divorce-finding-50s.
24. Tim Robey, "Vincent Cassel: 'Women Like Security. Men Prefer Adventure," the *Telegraph*, May 28, 2016, http://www.telegraph.co.uk/films/2016/05/28/vincent-cassel-women-like-security-men-prefer-adventure/.
25. Paul T. Costa Jr., Jeffrey H. Herbst, Robert R. McCrae, and Ilene C. Siegler, "Personality at Midlife: Stability, Intrinsic Maturation, and Response to Life Events," *Assessment* 7, no. 4 (2000): 365–378.
26. Emily Retter, "Oldest Ever Bond Girl Monica Bellucci Reveals How a Woman of 51 Can Have Killer Sex Appeal," *Irish Mirror*, October 20, 2015, http://www.irishmirror.ie/showbiz/celebrity-news/oldest-ever-bond-girl-monica-6669965.
27. Jule Specht, Boris Egloff, and Stefan C. Schmukle, "Stability and Change of Personality Across the Life Course: The Impact of Age and Major Life Events on Mean-Level and Rank-Order Stability of the Big Five," *Journal of Personality and Social Psychology* 101, no. 4 (2011): 862.
28. Marcus Mund and Franz J. Neyer, "Loneliness Effects on Personality," *International Journal of Behavioral Development* 43, no. 2 (2019): 136–146.
29. Christian Jarrett, "Lonely People's Brains Work Differently," *New York* magazine, August 2015, https://www.thecut.com/2015/08/lonely-peoples-brains-work-differently.html.
30. Christopher J. Boyce, Alex M. Wood, Michael Daly, and Constantine Sedikides, "Personality Change Following Unemployment," *Journal of Applied Psychology* 100, no. 4 (2015): 991.
31. Gabrielle Donnelly, "'I'd Have Sold My Mother for a Rock of Crack Cocaine': Tom Hardy on his Astonishing Journey from English Private Schoolboy to Drug Addict—and Now Hollywood's No 1 Baddie," *Daily Mail*, January 22, 2016, http://www.dailymail.co.uk/tvshowbiz/article-3411226/I-d-sold-mother-rock-crack-cocaine-Tom-Hardy-astonishing-journey-public-schoolboy-drug-addict-Hollywood-s-No-1-baddie.html.
32. Specht, Egloff, and Schmukle, "Stability and Change of Personality Across the Life Course," 862.
33. Christiane Niesse and Hannes Zacher, "Openness to Experience as a Predictor

and Outcome of Upward Job Changes into Managerial and Professional Positions," *PloS One* 10, no. 6 (2015): e0131115.
34. Eva Asselmann and Jule Specht, "Taking the ups and downs at the rollercoaster of love: Associations between major life events in the domain of romantic relationships and the Big Five personality traits," *Developmental Psychology* 56, no. 9 (2020): 1803–1816.
35. Specht, Egloff, and Schmukle, "Stability and Change of Personality Across the Life Course," 862.
36. Tila M. Pronk, Asuma Buyukcan-Tetik, Marina M. A. H. Iliás, and Catrin Finkenauer, "Marriage as a Training Ground: Examining Change in Self-Control and Forgiveness over the First Four Years of Marriage," *Journal of Social and Personal Relationships* 36, no. 1 (2019): 109–130.
37. Jeroen Borghuis, Jaap J. A. Denissen, Klaas Sijtsma, Susan Branje, Wim H. Meeus, and Wiebke Bleidorn, "Positive Daily Experiences Are Associated with Personality Trait Changes in Middle-Aged Mothers," *European Journal of Personality* 32, no. 6 (2018): 672–689.
38. Manon A. van Scheppingen, Jaap Denissen, Joanne M. Chung, Kristian Tambs, and Wiebke Bleidorn, "Self-Esteem and Relationship Satisfaction During the Transition to Motherhood," *Journal of Personality and Social Psychology* 114, no. 6 (2018): 973.
39. Specht, Egloff, and Schmukle, "Stability and Change of Personality Across the Life Course," 862; Sarah Galdiolo and Isabelle Roskam, "Development of Personality Traits in Response to Childbirth: A≠ Longitudinal Dyadic Perspective," *Personality and Individual Differences* 69 (2014): 223–230; Manon A. van Scheppingen, Joshua J. Jackson, Jule Specht, Roos Hutteman, Jaap J. A. Denissen, and Wiebke Bleidorn, "Personality Trait Development During the Transition to Parenthood, *Social Psychological and Personality Science* 7, no. 5 (2016): 452–462.
40. Emma Dawson, "A Moment That Changed Me: The Death of My Sister and the Grief That Followed," the *Guardian*, December 3, 2015, https://www.theguardian.com/commentisfree/2015/dec/03/moment-changed-me-sisters-death.
41. Daniel K. Mroczek and Avron Spiro III, "Modeling Intraindividual Change in Personality Traits: Findings from the Normative Aging Study," *Journals of Gerontology Series B: Psychological Sciences and Social Sciences* 58, no. 3 (2003): P153–P165.
42. Eva Asselmann and Jule Specht, "Till Death Do Us Part: Transactions Between Losing One's Spouse and the Big Five Personality Traits," *Journal of Personality* 88, no. 4 (2020): 659–675.
43. Michael P. Hengartner, Peter Tyrer, Vladeta Ajdacic-Gross, Jules Angst, and Wulf

Rössler, "Articulation and Testing of a Personality-Centred Model of Psychopathology: Evidence from a Longitudinal Community Study over 30 Years," *European Archives of Psychiatry and Clinical Neuroscience* 268, no. 5 (2018): 443–454.
44. Konrad Bresin and Michael D. Robinson, "You Are What You See and Choose: Agreeableness and Situation Selection," *Journal of Personality* 83, no. 4 (2015): 452–463.
45. Christopher J. Boyce, Alex M. Wood, and Eamonn Ferguson, "For Better or for Worse: The Moderating Effects of Personality on the Marriage-Life Satisfaction Link," *Personality and Individual Differences* 97 (2016): 61–66.
46. Tasha Eurich, *Insight: The Power of Self-Awareness in a Self-Deluded World* (New York: Macmillan, 2017).
47. Developed by Dan P. McAdams.
48. Dan P. McAdams, *The Art and Science of Personality Development* (New York: Guilford Press, 2015).
49. Jonathan M. Adler, Jennifer Lodi-Smith, Frederick L. Philippe, and Iliane Houle, "The Incremental Validity of Narrative Identity in Predicting Well-Being: A Review of the Field and Recommendations for the Future," *Personality and Social Psychology Review* 20, no. 2 (2016): 142–175.
50. Dan P. McAdams, *The Art and Science of Personality Development* (New York: Guilford Press, 2015).

第三章

1. Chloe Lambert, "A Knock on My Head Changed My Personality: It Made Me a Nicer Person!" *Daily Mail*, January 14, 2013, https://www.dailymail.co.uk/health/article-2262379/Bicycle-accident-A-knock-head-changed-personality-The-good-news-nicer.html.
2. Anne Norup and Erik Lykke Mortensen, "Prevalence and Predictors of Personality Change after Severe Brain Injury," *Archives of Physical Medicine and Rehabilitation* 96, no. 1 (2015): 56–62.
3. John M. Harlow, "Recovery from the Passage of an Iron Bar Through the Head," *Publications of the Massachusetts Medical Society* 2 (1868): 2327–2347.
4. Joseph Barrash, Donald T. Stuss, Nazan Aksan, Steven W. Anderson, Robert D. Jones, Kenneth Manzel, and Daniel Tranel, "'Frontal Lobe Syndrome'? Subtypes of Acquired Personality Disturbances in Patients with Focal Brain Damage," *Cortex* 106 (2018): 65–80.
5. Paul Broks, "How a Brain Tumour Can Look Like a Mid-Life Crisis," *Prospect*,

July 20, 2000, https://www.prospectmagazine.co.uk/magazine/voodoochile.
6. Nina Strohminger and Shaun Nichols, "Neurodegeneration and Identity," *Psychological Science* 26, no. 9 (2015): 1469–1479.
7. Lambert, "A Knock on My Head."
8. Even when a brain injury or insult does not affect personality or has a beneficial effect, it is important not to underestimate the impact such an experience can have. Most people suffering a brain injury will live with at least some persistent difficulties for the rest of their lives, even if these are sometimes hidden, such as in the form of memory problems or social difficulties.
9. Damian Whitworth, "I Had a Stroke at 34. I Prefer My Life Now," the *Times*, October 14, 2018, https://www.thetimes.co.uk/article/i-had-a-stroke-at-34-i-prefer-my-life-now-59krk356p.
10. Sally Williams, "I Had a Stroke at 34, I Couldn't Sleep, Read or Even Think," *Daily Telegraph*, August 17, 2017, https://www.telegraph.co.uk/health-fitness/mind/had-stroke-34-couldnt-sleep-read-even-think/.
11. This was the first systematic attempt to identify incidences of positive personality change across a range of different types of brain injury, but there are earlier related reports in the literature. For instance, a 1968 paper in the *British Journal of Psychiatry* featured an evaluation of seventy-nine survivors of ruptured brain aneurysms (weakened blood vessels) and reported that nine experienced a positive personality change. One fifty-three-year-old woman was reported to be friendlier and happier (though also more tactless) and less prone to worry after her neural injury; in fact, she claimed to have received three marriage proposals in the years since it occurred.
12. Marcie L. King, Kenneth Manzel, Joel Bruss, and Daniel Tranel, "Neural Correlates of Improvements in Personality and Behavior Following a Neurological Event," *Neuropsychologia* 145 (2017): 1–10.
13. *Robin Williams* (In the Moment Productions, June 10, 2001).
14. Susan Williams, "Remembering Robin Williams," the *Times* (London), November 28, 2015, https://www.thetimes.co.uk/article/remembering-robin-williams-mj3gpjhcrc2.
15. Susan Schneider Williams, "The Terrorist Inside My Husband's Brain," *Neurology* 87 (2016): 1308–1311.
16. Dave Itzkoff, *Robin* (New York: Holt, 2018).
17. Ibid.
18. Ibid.
19. American Parkinson Disease Association, "Changes in Personality," accessed

October 20, 2019, at https://www.apdaparkinson.org/what-is-parkinsons/symptoms/personality-change; Antonio Cerasa, "Re-Examining the Parkinsonian Personality Hypothesis: A Systematic Review," *Personality and Individual Differences* 130 (2018): 41–50.
20. Williams, "The Terrorist Inside My Husband's Brain," 1308–1311.
21. Tarja-Brita Robins Wahlin and Gerard J. Byrne, "Personality Changes in Alzheimer's Disease: A Systematic Review," *International Journal of Geriatric Psychiatry* 26, no. 10 (2011): 1019–1029.
22. Alfonsina D'Iorio, Federica Garramone, Fausta Piscopo, Chiara Baiano, Simona Raimo, and Gabriella Santangelo, "Meta-Analysis of Personality Traits in Alzheimer's Disease: A Comparison with Healthy Subjects," *Journal of Alzheimer's Disease* 62, no. 2 (2018): 773–787.
23. Colin G. DeYoung, Jacob B. Hirsh, Matthew S. Shane, Xenophon Papademetris, Nallakkandi Rajeevan, and Jeremy R. Gray, "Testing Predictions from Personality Neuroscience: Brain Structure and the Big Five," *Psychological Science* 21, no. 6 (2010): 820–828.
24. Silvio Ramos Bernardes da Silva Filho, Jeam Haroldo Oliveira Barbosa, Carlo Rondinoni, Antonio Carlos dos Santos, Carlos Ernesto Garrido Salmon, Nereida Kilza da Costa Lima, Eduardo Ferriolli, and Júlio César Moriguti, "Neuro-Degeneration Profile of Alzheimer's Patients: A Brain Morphometry Study," *NeuroImage: Clinical* 15 (2017): 15–24.
25. Tomiko Yoneda, Jonathan Rush, Eileen K. Graham, Anne Ingeborg Berg, Hannie Comijs, Mindy Katz, Richard B. Lipton, Boo Johansson, Daniel K. Mroczek, and Andrea M. Piccinin, "Increases in Neuroticism May Be an Early Indicator of Dementia: A Coordinated Analysis," *Journals of Gerontology: Series B* 75 (2018): 251–262.
26. "Draft Checklist on Mild Behavioral Impairment," the *New York Times*, July 25, 2016, https://www.nytimes.com/interactive/2016/07/25/health/26brain-doc.html.
27. Neil Osterweil, "Personality Changes May Help Distinguish between Types of Dementia," *Medpage Today*, May 31, 2007, https://www.medpagetoday.com/neurology/alzheimersdisease/5803; James E. Galvin, Heather Malcom, David Johnson, and John C. Morris, "Personality Traits Distinguishing Dementia with Lewy Bodies from Alzheimer Disease," *Neurology* 68, no. 22 (2007): 1895–1901.
28. "Read Husband's Full Statement on Kate Spade's Suicide," CNN, June 7, 2018, https://edition.cnn.com/2018/06/07/us/andy-kate-spade-statement/index.html.

29. National Institute of Mental Health, "Major Depression," accessed October 20, 2019, at https://www.nimh.nih.gov/health/statistics/major-depression.shtml.
30. American Foundation for Suicide Prevention, "Suicide Rate Is Up 1.2 Percent according to Most Recent CDC Data (Year 2016)," accessed October 20, 2019, at https://afsp.org/suicide-rate-1-8-percent-according-recent-cdc-data-year-2016/.
31. Patrick Marlborough, "Depression Steals Your Soul and Then It Takes Your Friends," *Vice*, January 31, 2017, accessed October 20, 2019, at https://www.vice.com/en_au/article/4x4xjj/depression-steals-your-soul-and-then-it-takes-your-friends.
32. Julie Karsten, Brenda W. J. H. Penninx, Hariëtte Riese, Johan Ormel, Willem A. Nolen, and Catharina A. Hartman, "The State Effect of Depressive and Anxiety Disorders on Big Five Personality Traits," *Journal of Psychiatric Research* 46, no. 5 (2012): 644–650.
33. J. H. Barnett, J. Huang, R. H. Perlis, M. M. Young, J. F. Rosenbaum, A. A. Nierenberg, G. Sachs, V. L. Nimgaonkar, D. J. Miklowitz, and J. W. Smoller, "Personality and Bipolar Disorder: Dissecting State and Trait Associations between Mood and Personality," *Psychological Medicine* 41, no. 8 (2011): 1593–1604.
34. "Experiences of Bipolar Disorder: 'Every Day It Feels Like I Must Wear a Mask,'" the *Guardian*, March 31, 2017, accessed October 20, 2019, at https://www.theguardian.com/lifeandstyle/2017/mar/31/experiences-of-bipolar-disorder-every-day-it-feels-like-i-must-wear-a-mask.
35. Mark Eckblad and Loren J. Chapman, "Development and Validation of a Scale for Hypomanic Personality," *Journal of Abnormal Psychology* 95, no. 3 (1986): 214.
36. Gordon Parker, Kathryn Fletcher, Stacey McCraw, and Michael Hong, "The Hypomanic Personality Scale: A Measure of Personality and/or Bipolar Symptoms?" *Psychiatry Research* 220, nos. 1–2 (2014): 654–658.
37. Johan Ormel, Albertine J. Oldehinkel, and Wilma Vollebergh, "Vulnerability Before, During, and After a Major Depressive Episode: A 3-Wave Population-Based Study," *Archives of General Psychiatry* 61, no. 10 (2004): 990–996; Pekka Jylhä, Tarja Melartin, Heikki Rytsälä, and Erkki Isometsä, "Neuroticism, Introversion, and Major Depressive Disorder—Traits, States, or Scars?" *Depression and Anxiety* 26, no. 4 (2009): 325–334; M. Tracie Shea, Andrew C. Leon, Timothy I. Mueller, David A. Solomon, Meredith G. Warshaw, and Martin B. Keller, "Does Major Depression Result in Lasting Personality Change?" *American Journal of Psychiatry* 153, no. 11 (1996): 1404–1410; E. H. Bos, M. Ten Have, S. van Dorsselaer, B. F. Jeronimus, R. de Graaf, and P. de Jonge, "Func-

tioning Before and After a Major Depressive Episode: Pre-Existing Vulnerability or Scar? A Prospective Three-Wave Population-Based Study," *Psychological Medicine* 48, no. 13 (2018): 2264–2272.
38. Tom Rosenström, Pekka Jylhä, Laura Pulkki-Råback, Mikael Holma, Olli T. Raitakari, Erkki Isometsä, and Liisa Keltikangas-Järvinen, "Long-Term Personality Changes and Predictive Adaptive Responses after Depressive Episodes," *Evolution and Human Behavior* 36, no. 5 (2015): 337–344.
39. Barnett, "Personality and Bipolar Disorder: Dissecting State and Trait Associations Between Mood and Personality," 1593–1604.
40. Tony Z. Tang, Robert J. DeRubeis, Steven D. Hollon, Jay Amsterdam, Richard Shelton, and Benjamin Schalet, "A Placebo-Controlled Test of the Effects of Paroxetine and Cognitive Therapy on Personality Risk Factors in Depression," *Archives of General Psychiatry* 66, no. 12 (2009): 1322.
41. Sabine Tjon Pian Gi, Jos Egger, Maarten Kaarsemaker, and Reinier Kreutzkamp, "Does Symptom Reduction after Cognitive Behavioural Therapy of Anxiety Disordered Patients Predict Personality Change?" *Personality and Mental Health* 4, no. 4 (2010): 237–245.
42. Oliver Kamm, "My Battle with Clinical Depression," the *Times* (London), June 11, 2016, accessed October 20, 2019, at https://www.thetimes.co.uk/article/id-sit-on-the-stairs-until-i-was-ready-to-open-the-front-door-it-could-take-an-hour-z60g637mt.
43. Shuichi Suetani and Elizabeth Markwick, "Meet Dr Jekyll: A Case of a Psychiatrist with Dissociative Identity Disorder," *Australasian Psychiatry* 22, no. 5 (2014): 489–491.
44. Emma Young, "My Many Selves: How I Learned to Live with Multiple Personalities," *Mosaic*, June 12, 2017, https://mosaicscience.com/story/my-many-selves-multiple-personalities-dissociative-identity-disorder.
45. Bethany L. Brand, Catherine C. Classen, Scot W. McNary, and Parin Zaveri, "A Review of Dissociative Disorders Treatment Studies," *Journal of Nervous and Mental Disease* 197, no. 9 (2009): 646–654.
46. Richard G. Tedeschi and Lawrence G. Calhoun, "The Posttraumatic Growth Inventory: Measuring the Positive Legacy of Trauma," *Journal of Traumatic Stress* 9, no. 3 (1996): 455–471.
47. Michael Hoerger, Benjamin P. Chapman, Holly G. Prigerson, Angela Fagerlin, Supriya G. Mohile, Ronald M. Epstein, Jeffrey M. Lyness, and Paul R. Duberstein, "Personality Change Pre- to Post-Loss in Spousal Caregivers of Patients with Terminal Lung Cancer," *Social Psychological and Personality Science* 5, no. 6 (2014): 722–729.

48. Scott Barry Kaufman, Twitter post, November 23, 2018, 7:35 p.m., https://twitter.com/sbkaufman/status/1066052630202540032.
49. Jasmin K. Turner, Amanda Hutchinson, and Carlene Wilson, "Correlates of Post-Traumatic Growth following Childhood and Adolescent Cancer: A Systematic Review and Meta-Analysis," *Psycho-Oncology* 27, no. 4 (2018): 1100–1109.
50. Daniel Lim and David DeSteno, "Suffering and Compassion: The Links among Adverse Life Experiences, Empathy, Compassion, and Prosocial Behavior," *Emotion* 16, no. 2 (2016): 175.

第四章

1. "Obama's Tearful 'Thank You' to Campaign Staff," YouTube video, 5:25, November 8, 2012, https://www.youtube.com/watch?v=1NCzUOWuu_A.
2. Julie Hirschfeld Davis, "Obama Delivers Eulogy for Beau Biden," the *New York Times*, June 6, 2015, https://www.nytimes.com/2015/06/07/us/beau-biden-funeral-held-in-delaware.html.
3. Julie Hirschfeld Davis, "Obama Lowers His Guard in Unusual Displays of Emotion," the *New York Times*, June 22, 2015, https://www.nytimes.com/2015/06/23/us/politics/obama-lowers-his-guard-in-unusual-displays-of-emotion.html.
4. Chris Cillizza, "President Obama Cried in Public Today. That's a Good Thing," *Washington Post*, April 29, 2016, https://www.washingtonpost.com/news/the-fix/wp/2016/01/05/why-men-should-cry-more-in-public/.
5. Kenneth Walsh, "Critics Say Obama Lacks Emotion," *US News and World Report*, December 24, 2009, https://www.usnews.com/news/obama/articles/2009/12/24/critics-say-obama-lacks-emotion.
6. James Fallows, "Obama Explained," the *Atlantic*, March 2012, https://www.theatlantic.com/magazine/archive/2012/03/obama-explained/308874/.
7. Walter Mischel, *The Marshmallow Test: Understanding Self-Control and How to Master It* (London: Corgi Books, 2015).
8. It's easy to challenge the extreme situationist arguments. There were methodological holes in Zimbardo's prison study. Recordings have surfaced showing Zimbardo coaching the prison guards to be ruthless and tyrannical, and questions have been raised over whether the kind of people who would volunteer for a "prison study" have typical personalities in the first place. And, contra Mischel, it has become clear that, yes, people do adapt to situations, but if you observe them over an extended period of time and across different situations, they will vary in the average amount of time they act extraverted, aggressive,

friendly, and so on, as well as in how intensely they display these behaviors.
9. Kyle S. Sauerberger and David C. Funder, "Behavioral Change and Consistency across Contexts," *Journal of Research in Personality* 69 (2017): 264–272.
10. Jim White, "Ashes 2009: Legend Dennis Lillee Says Mitchell Johnson Could Swing It for Australia," the *Telegraph*, June 26, 2009, https://www.telegraph.co.uk/sport/cricket/international/theashes/5650760/Ashes-2009-legend-Dennis-Lillee-says-Mitchell-Johnson-could-swing-it-for-Australia.html.
11. Nick Pitt, "Deontay Wilder: 'When I Fight There Is a Transformation, I Even Frighten Myself, '" the *Sunday Times* (London), November 11, 2018, https://www.thetimes.co.uk/article/when-i-fight-there-is-a-transformation-i-even-frighten-myself-h2jpq9x9t.
12. Mark Bridge, "Mum Says I'm Starting to Act Like Sherlock, Says Cumberbatch," the *Times* (London), December 27, 2016, https://www.thetimes.co.uk/article/mum-says-i-m-starting-to-act-like-sherlock-57ffpr6dv.
13. Tasha Eurich, *Insight: The Power of Self-Awareness in a Self-Deluded World* (London: Pan Books, 2018).
14. Katharina Geukes, Steffen Nestler, Roos Hutteman, Albrecht C. P. Küfner, and Mitja D. Back, "Trait Personality and State Variability: Predicting Individual Differences in Within- and Cross-Context Fluctuations in Affect, Self-Evaluations, and Behavior in Everyday Life," *Journal of Research in Personality* 69 (2017): 124–138.
15. Oliver C. Robinson, "On the Social Malleability of Traits: Variability and Consistency in Big 5 Trait Expression across Three Interpersonal Contexts," *Journal of Individual Differences* 30, no. 4 (2009): 201–208.
16. Dawn Querstret and Oliver C. Robinson, "Person, Persona, and Personality Modification: An In-Depth Qualitative Exploration of Quantitative Findings," *Qualitative Research in Psychology* 10, no. 2 (2013): 140–159.
17. Melissa Dahl, "Can You Blend in Anywhere? Or Are You Always the Same You?" the *Cut*, March 15, 2017, https://www.thecut.com/2017/03/heres-a-test-to-tell-you-if-you-are-a-high-self-monitor.html.
18. Mark Snyder and Steve Gangestad, "On the Nature of Self-Monitoring: Matters of Assessment, Matters of Validity," *Journal of Personality and Social Psychology* 51, no. 1 (1986): 125.
19. Rebecca Hardy, "Polish Model Let Off for Harrods Theft Gives Her Side," *Daily Mail Online*, August 12, 2017, http://www.dailymail.co.uk/femail/article-4783272/Polish-model-let-Harrod-s-theft-gives-side.html.
20. Robert E. Wilson, Renee J. Thompson, and Simine Vazire, "Are Fluctuations

in Personality States More Than Fluctuations in Affect?" *Journal of Research in Personality* 69 (2017): 110–123.
21. Noah Eisenkraft and Hillary Anger Elfenbein, "The Way You Make Me Feel: Evidence for Individual Differences in Affective Presence," *Psychological Science* 21, no. 4 (2010): 505–510.
22. Jan Querengässer and Sebastian Schindler, "Sad But True? How Induced Emotional States Differentially Bias Self-Rated Big Five Personality Traits," *BMC Psychology* 2, no. 1 (2014): 14.
23. Maya Angelou, *Rainbow in the Cloud: The Wit and Wisdom of Maya Angelou* (New York: Little, Brown Book Group, 2016).
24. Thomas L. Webb, Kristen A. Lindquist, Katelyn Jones, Aya Avishai, and Paschal Sheeran, "Situation Selection Is a Particularly Effective Emotion Regulation Strategy for People Who Need Help Regulating Their Emotions," *Cognition and Emotion* 32, no. 2 (2018): 231–248.
25. Zhanjia Zhang and Weiyun Chen, "A Systematic Review of the Relationship Between Physical Activity and Happiness," *Journal of Happiness Studies* 20, no. 4 (2019): 1305–1322.
26. L. Parker Schiffer and Tomi-Ann Roberts, "The Paradox of Happiness: Why Are We Not Doing What We Know Makes Us Happy?" *Journal of Positive Psychology* 13, no. 3 (2018): 252–259.
27. Kelly Sullivan and Collins Ordiah, "Association of Mildly Insufficient Sleep with Symptoms of Anxiety and Depression," *Neurology, Psychiatry and Brain Research* 30 (2018): 1–4.
28. Floor M. Kroese, Catharine Evers, Marieke A. Adriaanse, and Denise T. D. de Ridder, "Bedtime Procrastination: A Self-Regulation Perspective on Sleep Insufficiency in the General Population," *Journal of Health Psychology* 21, no. 5 (2016): 853–862.
29. Ryan T. Howell, Masha Ksendzova, Eric Nestingen, Claudio Yerahian, and Ravi Iyer, "Your Personality on a Good Day: How Trait and State Personality Predict Daily Well-Being," *Journal of Research in Personality* 69 (2017): 250–263.
30. Brad J. Bushman, C. Nathan DeWall, Richard S. Pond, and Michael D. Hanus, "Low Glucose Relates to Greater Aggression in Married Couples," *Proceedings of the National Academy of Sciences* 111, no. 17 (2014): 6254–6257.
31. Rachel P. Winograd, Andrew K. Littlefield, Julia Martinez, and Kenneth J. Sher, "The Drunken Self: The Five-Factor Model as an Organizational Framework for Characterizing Perceptions of One's Own Drunkenness," *Alcoholism: Clinical and Experimental Research* 36, no. 10 (2012): 1787–1793.

32. Rachel P. Winograd, Douglas L. Steinley, and Kenneth J. Sher, "Drunk Personality: Reports from Drinkers and Knowledgeable Informants," *Experimental and Clinical Psychopharmacology* 22, no. 3 (2014): 187.
33. Rachel P. Winograd, Douglas Steinley, Sean P. Lane, and Kenneth J. Sher, "An Experimental Investigation of Drunk Personality Using Self and Observer Reports," *Clinical Psychological Science* 5, no. 3 (2017): 439–456.
34. Rachel Pearl Winograd, Douglas Steinley, and Kenneth Sher, "Searching for Mr. Hyde: A Five-Factor Approach to Characterizing 'Types of Drunks,'" *Addiction Research and Theory* 24, no. 1 (2016): 1–8.
35. Emma L. Davies, Emma-Ben C. Lewis, and Sarah E. Hennelly, "'I Am Quite Mellow But I Wouldn't Say Everyone Else Is': How UK Students Compare Their Drinking Behavior to Their Peers," *Substance Use and Misuse* 53, no. 9 (2018): 1549–1557.
36. Christian Hakuline and Markus Jokela, "Alcohol Use and Personality Trait Change: Pooled Analysis of Six Cohort Studies," *Psychological Medicine* 49, no. 2 (2019): 224–231.
37. Stephan Stevens, Ruth Cooper, Trisha Bantin, Christiane Hermann, and Alexander L. Gerlach, "Feeling Safe But Appearing Anxious: Differential Effects of Alcohol on Anxiety and Social Performance in Individuals with Social Anxiety Disorder," *Behaviour Research and Therapy* 94 (2017): 9–18.
38. Fritz Renner, Inge Kersbergen, Matt Field, and Jessica Werthmann, "Dutch Courage? Effects of Acute Alcohol Consumption on Self-Ratings and Observer Ratings of Foreign Language Skills," *Journal of Psychopharmacology* 32, no. 1 (2018): 116–122.
39. Tom M. McLellan, John A. Caldwell, and Harris R. Lieberman, "A Review of Caffeine's Effects on Cognitive, Physical and Occupational Performance," *Neuroscience and Biobehavioral Reviews* 71 (2016): 294–312.
40. Kirby Gilliland, "The Interactive Effect of Introversion-Extraversion with Caffeine Induced Arousal on Verbal Performance," *Journal of Research in Personality* 14, no. 4 (1980): 482–492.
41. Manuel Gurpegui, Dolores Jurado, Juan D. Luna, Carmen Fernández-Molina, Obdulia Moreno-Abril, and Ramón Gálvez, "Personality Traits Associated with Caffeine Intake and Smoking," *Progress in Neuro-Psychopharmacology and Biological Psychiatry* 31, no. 5 (2007): 997–1005; Paula J. Mitchell and Jennifer R. Redman, "The Relationship between Morningness-Eveningness, Personality and Habitual Caffeine Consumption," *Personality and Individual Differences* 15, no. 1 (1993): 105–108.

42. Taha Amir, Fatma Alshibani, Thoria Alghara, Maitha Aldhari, Asma Alhassani, and Ghanima Bahry, "Effects of Caffeine on Vigilance Performance in Introvert and Extravert Noncoffee Drinkers," *Social Behavior and Personality* 29, no. 6 (2001): 617–624; Anthony Liguori, Jacob A. Grass, and John R. Hughes, "Subjective Effects of Caffeine among Introverts and Extraverts in the Morning and Evening," *Experimental and Clinical Psychopharmacology* 7, no. 3 (1999): 244.

43. Mitchell Earleywine, *Mind-Altering Drugs: The Science of Subjective Experience* (Oxford: Oxford University Press, 2005).

44. Antonio E. Nardi, Fabiana L. Lopes, Rafael C. Freire, Andre B. Veras, Isabella Nascimento, Alexandre M. Valença, Valfrido L. de-Melo-Neto, Gastão L. Soares-Filho, Anna Lucia King, Daniele M. Araújo, Marco A. Mezzasalma, Arabella Rassi, and Walter A. Zin, "Panic Disorder and Social Anxiety Disorder Subtypes in a Caffeine Challenge Test," *Psychiatry Research* 169, no. 2 (2009): 149–153.

45. "Serious Health Risks Associated with Energy Drinks: To Curb This Growing Public Health Issue, Policy Makers Should Regulate Sales and Marketing towards Children and Adolescents and Set Upper Limits on Caffeine," *ScienceDaily*, November 15, 2017, www.sciencedaily.com/releases/2017/11/171115 124519.htm.

46. "MP Calls for Ban on High-Caffeine Energy Drinks," *BBC News*, January 10, 2018, http://www.bbc.co.uk/news/uk-politics-42633277.

47. Waguih William Ishak, Chio Ugochukwu, Kara Bagot, David Khalili, and Christine Zaky, "Energy Drinks: Psychological Effects and Impact on Well-Being and Quality of Life: A Literature Review," *Innovations in Clinical Neuroscience* 9, no. 1 (2012): 25.

48. Laura M. Juliano and Roland R. Griffiths, "A Critical Review of Caffeine Withdrawal: Empirical Validation of Symptoms and Signs, Incidence, Severity, and Associated Features," *Psychopharmacology* 176, no. 1 (2004): 1–29.

49. Samantha J. Broyd, Hendrika H. van Hell, Camilla Beale, Murat Yuecel, and Nadia Solowij, "Acute and Chronic Effects of Cannabinoids on Human Cognition: A Systematic Review," *Biological Psychiatry* 79, no. 7 (2016): 557–567.

50. Andrew Lac and Jeremy W. Luk, "Testing the Amotivational Syndrome: Marijuana Use Longitudinally Predicts Lower Self-Efficacy Even After Controlling for Demographics, Personality, and Alcohol and Cigarette Use," *Prevention Science* 19, no. 2 (2018): 117–126.

51. Bernard Weinraub, "Rock's Bad Boys Grow Up But Not Old; Half a Lifetime on the Road, and Half Getting Up for It," the *New York Times*, September 26, 2002, https://www.nytimes.com/2002/09/26/arts/rock-s-bad-boys-grow-up-but-not-old-half-lifetime-road-half-getting-up-for-it.html.

52. Evidence is growing that cannabis use might also increase the vulnerability of some people to experiencing psychosis later in life, though this remains a controversial and open research question.
53. US Dept of Justice Drug Enforcement Administration 2016 National Threat Assessment Summary https://www.dea.gov/sites/default/files/2018-07/DIR-001-17_2016_NDTA_Summary.pdf.
54. Mark Hay, "Everything We Know About Treating Anxiety with Weed," *Vice*, April 18, 2018, https://tonic.vice.com/en_us/article/9kgme8/everything-we-know-about-treating-an.
55. Tony O'Neill, "'My First Time on LSD': 10 Trippy Tales," Alternet.org, June 5, 2014, https://www.alternet.org/2014/05/my-first-time-lsd-10-trippy-tales/.
56. Suzannah Weiss, "How Badly Are You Messing Up Your Brain By Using Psychedelics?" *Vice*, March 30, 2018, https://tonic.vice.com/en_us/article/59j97a/how-badly-are-you-messing-up-your-brain-by-using-psychedelics.
57. Frederick S. Barrett, Matthew W. Johnson, and Roland R. Griffiths, "Neuroticism Is Associated with Challenging Experiences with Psilocybin Mushrooms," *Personality and Individual Differences* 117 (2017): 155–160.
58. Lia Naor and Ofra Mayseless, "How Personal Transformation Occurs Following a Single Peak Experience in Nature: A Phenomenological Account," *Journal of Humanistic Psychology* 60, no. 6 (2017): 865–888.
59. James H. Fowler and Nicholas A. Christakis, "Dynamic Spread of Happiness in a Large Social Network: Longitudinal Analysis over 20 Years in the Framingham Heart Study," *BMJ* 337 (2008): a2338.
60. Trevor Foulk, Andrew Woolum, and Amir Erez, "Catching Rudeness Is like Catching a Cold: The Contagion Effects of Low-Intensity Negative Behaviors," *Journal of Applied Psychology* 101, no. 1 (2016): 50.
61. Kobe Desender, Sarah Beurms, and Eva Van den Bussche, "Is Mental Effort Exertion Contagious?" *Psychonomic Bulletin and Review* 23, no. 2 (2016): 624–631.
62. Joseph Chancellor, Seth Margolis, Katherine Jacobs Bao, and Sonja Lyubomirsky, "Everyday Prosociality in the Workplace: The Reinforcing Benefits of Giving, Getting, and Glimpsing," *Emotion* 18, no. 4 (2018): 507.
63. Angela Neff, Sabine Sonnentag, Cornelia Niessen, and Dana Unger, "What's Mine Is Yours: The Crossover of Day-Specific Self-Esteem," *Journal of Vocational Behavior* 81, no. 3 (2012): 385–394.
64. Rachel E. White, Emily O. Prager, Catherine Schaefer, Ethan Kross, Angela L. Duckworth, and Stephanie M. Carlson, "The 'Batman Effect': Improving

Perseverance in Young Children," *Child Development* 88, no. 5 (2017): 1563–1571.

第五章

1. John M. Zelenski, Deanna C. Whelan, Logan J. Nealis, Christina M. Besner, Maya S. Santoro, and Jessica E. Wynn, "Personality and Affective Forecasting: Trait Introverts Underpredict the Hedonic Benefits of Acting Extraverted," *Journal of Personality and Social Psychology* 104, no. 6 (2013): 1092.
2. Michael P. Hengartner, Peter Tyrer, Vladeta Ajdacic-Gross, Jules Angst, and Wulf Rössler, "Articulation and Testing of a Personality-Centred Model of Psychopathology: Evidence from a Longitudinal Community Study over 30 Years," *European Archives of Psychiatry and Clinical Neuroscience* 268, no. 5 (2018): 443–454.
3. "Change Goals Big-Five Inventory," Personality Assessor, accessed November 11, 2019, at http://www.personalityassessor.com/measures/cbfi/.
4. Constantine Sedikides, Rosie Meek, Mark D. Alicke, and Sarah Taylor, "Behind Bars but Above the Bar: Prisoners Consider Themselves More Prosocial Than Non-Prisoners," *British Journal of Social Psychology* 53, no. 2 (2014): 396–403.
5. Nathan W. Hudson and Brent W. Roberts, "Goals to Change Personality Traits: Concurrent Links Between Personality Traits, Daily Behavior, and Goals to Change Oneself," *Journal of Research in Personality* 53 (2014): 68–83.
6. Oliver C. Robinson, Erik E. Noftle, Jen Guo, Samaneh Asadi, and Xiaozhou Zhang, "Goals and Plans for Big Five Personality Trait Change in Young Adults," *Journal of Research in Personality* 59 (2015): 31–43.
7. Nathan W. Hudson and R. Chris Fraley, "Do People's Desires to Change Their Personality Traits Vary with Age? An Examination of Trait Change Goals Across Adulthood," *Social Psychological and Personality Science* 7, no. 8 (2016): 847–856.
8. Marie Hennecke, Wiebke Bleidorn, Jaap J. A. Denissen, and Dustin Wood, "A Three-Part Framework for Self-Regulated Personality Development Across Adulthood," *European Journal of Personality* 28, no. 3 (2014): 289–299.
9. Note that a study published in 2020 found that personality traits change over time regardless of people's beliefs about the malleability of personality, but this research was not focused on *deliberate* personality change. The study was: Nathan W. Hudson, R. Chris Fraley, Daniel A. Briley, and William J. Chopik,

"Your Personality Does Not Care Whether You Believe It Can Change: Beliefs About Whether Personality Can Change Do Not Predict Trait Change Among Emerging Adults," *European Journal of Personality*, published online July 21, 2020.
10. Carol Dweck, *Mindset: Changing the Way You Think to Fulfil Your Potential* (UK: Hachette, 2012).
11. Krishna Savani and Veronika Job, "Reverse Ego-Depletion: Acts of Self-Control Can Improve Subsequent Performance in Indian Cultural Contexts," *Journal of Personality and Social Psychology* 113, no. 4 (2017): 589.
12. As an example, a 2017 study led by the University of Texas at Austin showed that teaching teenagers personality is malleable helped them deal with the transition to high school and to experience less stress and better physical health over time as compared to their peers who believed personality is fixed. Other research has shown that people who believe in the malleability of personality cope better with rejection from a romantic relationship because they don't interpret the breakup as saying something fundamental about the kind of person they are.
13. Nathan W. Hudson, R. Chris Fraley, William J. Chopik, and Daniel A. Briley, "Change Goals Robustly Predict Trait Growth: A Mega-Analysis of a Dozen Intensive Longitudinal Studies Examining Volitional Change," *Social Psychological and Personality Science* 11, no. 6 (2020): 723–732.
14. Ted Schwaba, Maike Luhmann, Jaap J. A. Denissen, Joanne M. Chung, and Wiebke Bleidorn, "Openness to Experience and Culture: Openness Transactions across the Lifespan," *Journal of Personality and Social Psychology* 115, no. 1 (2018): 118.
15. Berna A. Sari, Ernst H. W. Koster, Gilles Pourtois, and Nazanin Derakshan, "Training Working Memory to Improve Attentional Control in Anxiety: A Proof-of-Principle Study Using Behavioral and Electrophysiological Measures," *Biological Psychology* 121 (2016): 203–212.
16. Izabela Krejtz, John B. Nezlek, Anna Michnicka, Paweł Holas, and Marzena Rusanowska, "Counting One's Blessings Can Reduce the Impact of Daily Stress," *Journal of Happiness Studies* 17, no. 1 (2016): 25–39.
17. Prathik Kini, Joel Wong, Sydney McInnis, Nicole Gabana, and Joshua W. Brown, "The Effects of Gratitude Expression on Neural Activity," *NeuroImage* 128 (2016): 1–10.
18. Brent W. Roberts, Jing Luo, Daniel A. Briley, Philip I. Chow, Rong Su, and Patrick L. Hill, "A Systematic Review of Personality Trait Change through In-

tervention," *Psychological Bulletin* 143, no. 2 (2017): 117.
19. Krystyna Glinski and Andrew C. Page, "Modifiability of Neuroticism, Extraversion, and Agreeableness by Group Cognitive Behaviour Therapy for Social Anxiety Disorder," *Behaviour Change* 27, no. 1 (2010): 42–52.
20. Cosmin Octavian Popa, Aural Nireştean, Mihai Ardelean, Gabriela Buicu, and Lucian Ile, "Dimensional Personality Change after Combined Therapeutic Intervention in the Obsessive-Compulsive Personality Disorders," *Acta Med Transilvanica* 2 (2013): 290–292.
21. Rebecca Grist and Kate Cavanagh, "Computerised Cognitive Behavioural Therapy for Common Mental Health Disorders, What Works, for Whom Under What Circumstances? A Systematic Review and Meta-Analysis," *Journal of Contemporary Psychotherapy* 43, no. 4 (2013): 243–251.
22. Julia Zimmermann and Franz J. Neyer, "Do We Become a Different Person When Hitting the Road? Personality Development of Sojourners," *Journal of Personality and Social Psychology* 105, no. 3 (2013): 515.
23. Jeffrey Conrath Miller and Zlatan Krizan, "Walking Facilitates Positive Affect (Even When Expecting the Opposite)," *Emotion* 16, no. 5 (2016): 775.
24. Ashleigh Johnstone and Paloma Marí-Beffa, "The Effects of Martial Arts Training on Attentional Networks in Typical Adults," *Frontiers in Psychology* 9 (2018): 80.
25. Nathan W. Hudson and Brent W. Roberts, "Social Investment in Work Reliably Predicts Change in Conscientiousness and Agreeableness: A Direct Replication and Extension of Hudson, Roberts, and Lodi-Smith (2012)," *Journal of Research in Personality* 60 (2016): 12–23.
26. Blake A. Allan, "Task Significance and Meaningful Work: A Longitudinal Study," *Journal of Vocational Behavior* 102 (2017): 174–182.
27. Marina Milyavskaya and Michael Inzlicht, "What's So Great About Self-Control? Examining the Importance of Effortful Self-Control and Temptation in Predicting Real-Life Depletion and Goal Attainment," *Social Psychological and Personality Science* 8, no. 6 (2017): 603–611.
28. Adriana Dornelles, "Impact of Multiple Food Environments on Body Mass Index," *PloS One* 14, no. 8 (2019).
29. Richard Göllner, Rodica I. Damian, Norman Rose, Marion Spengler, Ulrich Trautwein, Benjamin Nagengast, and Brent W. Roberts, "Is Doing Your Homework Associated with Becoming More Conscientious?" *Journal of Research in Personality* 71 (2017): 1–12.
30. Joshua J. Jackson, Patrick L. Hill, Brennan R. Payne, Brent W. Roberts, and Elizabeth A. L. Stine-Morrow, "Can an Old Dog Learn (and Want to Experi-

ence) New Tricks? Cognitive Training Increases Openness to Experience in Older Adults," *Psychology and Aging* 27, no. 2 (2012): 286.
31. Wijnand A. P. van Tilburg, Constantine Sedikides, and Tim Wildschut, "The Mnemonic Muse: Nostalgia Fosters Creativity through Openness to Experience," *Journal of Experimental Social Psychology* 59 (2015): 1–7.
32. Yannick Stephan, Angelina R. Sutin, and Antonio Terracciano, "Physical Activity and Personality Development Across Adulthood and Old Age: Evidence from Two Longitudinal Studies," *Journal of Research in Personality* 49 (2014): 1–7.
33. Anna Antinori, Olivia L. Carter, and Luke D. Smillie, "Seeing It Both Ways: Openness to Experience and Binocular Rivalry Suppression," *Journal of Research in Personality* 68 (2017): 15–22.
34. If your concern is that you are too agreeable and that this is holding you back in a competitive field, you will find some useful advice in chapter 7.
35. Anne Böckler, Lukas Herrmann, Fynn-Mathis Trautwein, Tom Holmes, and Tania Singer, "Know Thy Selves: Learning to Understand Oneself Increases the Ability to Understand Others," *Journal of Cognitive Enhancement* 1, no. 2 (2017): 197–209.
36. Anthony P. Winning and Simon Boag, "Does Brief Mindfulness Training Increase Empathy? The Role of Personality," *Personality and Individual Differences* 86 (2015): 492–498.
37. David Comer Kidd and Emanuele Castano, "Reading Literary Fiction Improves Theory of Mind," *Science* 342, no. 6156 (2013): 377–380.
38. David Kidd and Emanuele Castano, "Different Stories: How Levels of Familiarity with Literary and Genre Fiction Relate to Mentalizing," *Psychology of Aesthetics, Creativity, and the Arts* 11, no. 4 (2017): 474.
39. Gregory S. Berns, Kristina Blaine, Michael J. Prietula, and Brandon E. Pye, "Short- and Long-Term Effects of a Novel on Connectivity in the Brain," *Brain Connectivity* 3, no. 6 (2013): 590–600.
40. Loris Vezzali, Rhiannon Turner, Dora Capozza, and Elena Trifiletti, "Does Intergroup Contact Affect Personality? A Longitudinal Study on the Bidirectional Relationship Between Intergroup Contact and Personality Traits," *European Journal of Social Psychology* 48, no. 2 (2018): 159–173.
41. Grit Hein, Jan B. Engelmann, Marius C. Vollberg, and Philippe N. Tobler, "How Learning Shapes the Empathic Brain," *Proceedings of the National Academy of Sciences* 113, no. 1 (2016): 80–85.
42. Sylvia Xiaohua Chen and Michael Harris Bond, "Two Languages, Two Personalities? Examining Language Effects on the Expression of Personality in a Bilingual Context," *Personality and Social Psychology Bulletin* 36, no. 11 (2010):

1514–1528.
43. Consider avoiding this approach if you are prone to obsessive or compulsive tendencies.
44. Alison Wood Brooks, Juliana Schroeder, Jane L. Risen, Francesca Gino, Adam D. Galinsky, Michael I. Norton, and Maurice E. Schweitzer, "Don't Stop Believing: Rituals Improve Performance by Decreasing Anxiety," *Organizational Behavior and Human Decision Processes* 137 (2016): 71–85.
45. Mariya Davydenko, John M. Zelenski, Ana Gonzalez, and Deanna Whelan, "Does Acting Extraverted Evoke Positive Social Feedback?" *Personality and Individual Differences* 159 (2020): 109883.
46. John M. Malouff and Nicola S. Schutte, "Can Psychological Interventions Increase Optimism? A Meta-Analysis," *Journal of Positive Psychology* 12, no. 6 (2017): 594–604.
47. Olga Khazan, "One Simple Phrase That Turns Anxiety into Success," the *Atlantic*, March 23, 2016, https://www.theatlantic.com/health/archive/2016/03/can-three-words-turn-anxiety-into-success/474909.
48. Alison Wood Brooks, "Get Excited: Reappraising Pre-Performance Anxiety as Excitement," *Journal of Experimental Psychology: General* 143, no. 3 (2014): 1144.
49. Sointu Leikas and Ville-Juhani Ilmarinen, "Happy Now, Tired Later? Extraverted and Conscientious Behavior Are Related to Immediate Mood Gains, But to Later Fatigue," *Journal of Personality* 85, no. 5 (2017): 603–615.
50. William Fleeson, Adriane B. Malanos, and Noelle M. Achille, "An Intraindividual Process Approach to the Relationship Between Extraversion and Positive Affect: Is Acting Extraverted as 'Good' as Being Extraverted?" *Journal of Personality and Social Psychology* 83, no. 6 (2002): 1409.
51. Nathan W. Hudson and R. Chris Fraley, "Changing for the Better? Longitudinal Associations Between Volitional Personality Change and Psychological Well-Being," *Personality and Social Psychology Bulletin* 42, no. 5 (2016): 603–615.
52. William Fleeson and Joshua Wilt, "The Relevance of Big Five Trait Content in Behavior to Subjective Authenticity: Do High Levels of Within-Person Behavioral Variability Undermine or Enable Authenticity Achievement?" *Journal of Personality* 78, no. 4 (2010): 1353–1382.
53. Muping Gan and Serena Chen, "Being Your Actual or Ideal Self? What It Means to Feel Authentic in a Relationship," *Personality and Social Psychology Bulletin* 43, no. 4 (2017): 465–478.
54. A. Bell Cooper, Ryne A. Sherman, John F. Rauthmann, David G. Serfass, and Nicolas A. Brown, "Feeling Good and Authentic: Experienced Authenticity in

Daily Life Is Predicted by Positive Feelings and Situation Characteristics, Not Trait-State Consistency," *Journal of Research in Personality* 77 (2018): 57–69.
55. Alison P. Lenton, Letitia Slabu, and Constantine Sedikides, "State Authenticity in Everyday Life," *European Journal of Personality* 30, no. 1 (2016): 64–82.

第六章

1. Maajid Nawaz, *Radical: My Journey out of Islamist Extremism* (Maryland: Rowman & Littlefield, 2016).
2. Given that Nawaz now campaigns against Islamist extremism, it won't surprise you that he remains a controversial figure. However, he has a habit of earning apologies and compensation from those who slander and defame his name. Most recently, in 2018, the Southern Poverty Law Center issued a public apology and promised to pay almost $4 million in compensation after accusing Nawaz of being an anti-Muslim extremist. See Richard Cohen, "SPLC Statement Regarding Maajid Nawaz and the Quilliam Foundation," Southern Poverty Law Center, June 18, 2018, https://www.splcenter.org/news/2018/06/18/splc-statement-regarding-maajid-nawaz-and-quilliam-foundation.
3. https://www.quilliaminternational.com.
4. Inspired by Brian Little's method of "personal project analysis." See Justin Presseau, Falko F. Sniehotta, Jillian Joy Francis, and Brian R. Little, "Personal Project Analysis: Opportunities and Implications for Multiple Goal Assessment, Theoretical Integration, and Behaviour Change," *European Health Psychologist* 5, no. 2 (2008): 32–36.
5. Based on research and writings by Brian Little. See his *Me, Myself, and Us: The Science of Personality and the Art of Well-Being* (New York: Public Affairs Press, 2014).
6. Catra Corbett, *Reborn on the Run: My Journey from Addiction to Ultramarathons* (New York: Skyhorse Publishing, 2018).
7. Emma Reynolds, "How 50-year-old Junkie Replaced Meth Addiction with Ultrarunning," News.com.au, September 28, 2015, https://www.news.com.au/lifestyle/fitness/exercise/how-50yearold-junkie-replaced-meth-addiction-with-ultrarunning/news-story/9b773ee67ffecf27f5c6f3467570fa20.
8. Chip Heath and Dan Heath, *The Power of Moments: Why Certain Experiences Have Extraordinary Impact* (London: Bantam Press, 2017).
9. Nick Yarris, *The Fear of 13: Countdown to Execution: My Fight for Survival on Death Row* (Salt Lake City: Century, 2017).

10. Nick Yarris, *The Kindness Approach* (South Carolina: CreateSpace Independent Publishing Platform, 2017).
11. Based on items published in the Psychological Inventory of Criminal Thinking Styles Part I. See Glenn D. Walters, "The Psychological Inventory of Criminal Thinking Styles: Part I: Reliability and Preliminary Validity," *Criminal Justice and Behavior* 22, no. 3 (1995): 307–325.
12. Susie Hulley, Ben Crewe, and Serena Wright, "Re-examining the problems of long-term imprisonment," *British Journal of Criminology* 56, no. 4 (2016): 769–792.
13. Matthew T. Zingraff, "Prisonization as an inhibitor of effective resocialization," *Criminology* 13, no. 3 (1975): 366–388.
14. Jesse Meijers, Joke M. Harte, Gerben Meynen, Pim Cuijpers, and Erik J. A. Scherder, "Reduced Self-Control after 3 Months of Imprisonment; A Pilot Study," *Frontiers in Psychology* 9 (2018): 69.
15. Marieke Liem and Maarten Kunst, "Is There a Recognizable Post-Incarceration Syndrome Among Released 'Lifers'?" *International Journal of Law and Psychiatry* 36, nos. 3–4 (2013): 333–337.
16. T. Gerhard Eriksson, Johanna G. Masche-No, and Anna M. Dåderman, "Personality Traits of Prisoners as Compared to General Populations: Signs of Adjustment to the Situation?" *Personality and Individual Differences* 107 (2017): 237–245.
17. Jack Bush, Daryl M. Harris, and Richard J. Parker, *Cognitive Self Change: How Offenders Experience the World and What We Can Do About It* (Hoboken, NJ: Wiley, 2016).
18. Glenn D. Walters, Marie Trgovac, Mark Rychlec, Roberto DiFazio, and Julie R. Olson, "Assessing Change with the Psychological Inventory of Criminal Thinking Styles: A Controlled Analysis and Multisite Cross-Validation," *Criminal Justice and Behavior* 29, no. 3 (2002): 308–331.
19. Jack Bush, "To Help a Criminal Go Straight, Help Him Change How He Thinks," NPR, June 26, 2016, https://www.npr.org/sections/health-shots/2016/06/26/483091741/to-help-a-criminal-go-straight-help-him-change-how-he-thinks.
20. To use the hypothetical trolley dilemma as an example, they are usually very happy to push a fat man into the path of a speeding trolley, thus killing him, in order to save the lives of five others, whereas the normal response is to find deliberately harming the fat man unpalatable, even though the greater good would be served.
21. Daniel M. Bartels and David A. Pizarro, "The Mismeasure of Morals: Antisocial Personality Traits Predict Utilitarian Responses to Moral Dilemmas," *Cog-

nition 121, no. 1 (2011): 154–161.
22. A review of thirty-three studies into the effectiveness of moral reconation therapy found that it leads to a modest, but statistically significant, reduction in rates of recidivism. See L. Myles Ferguson and J. Stephen Wormith, "A Meta-Analysis of Moral Reconation Therapy," *International Journal of Offender Therapy and Comparative Criminology* 57, no. 9 (2013): 1076–1106.
23. Steven N. Zane, Brandon C. Welsh, and Gregory M. Zimmerman, "Examining the Iatrogenic Effects of the Cambridge-Somerville Youth Study: Existing Explanations and New Appraisals," *British Journal of Criminology* 56, no. 1 (2015): 141–160.
24. Eli Hager, "How to Train Your Brain to Keep You Out of Jail," *Vice*, June 27, 2018, https://www.vice.com/en_us/article/nekpy8/how-to-train-your-brain-to-keep-you-out-of-jail.
25. Christian Jarrett, "Research Into The Mental Health of Prisoners, Digested," *BPS Research Digest*, July 13, 2018, https://digest.bps.org.uk/2018/07/13/research-into-the-mental-health-of-prisoners-digested/.
26. This is a formal, adult psychiatric diagnosis. To meet the criteria, since the age of fifteen, a person must have shown a failure to conform to social norms with respect to lawful behaviors; deceitfulness; impulsivity or failure to plan ahead; irritability and aggressiveness; reckless disregard for safety of self or others; consistent irresponsibility; and lack of remorse.
27. Holly A. Wilson, "Can Antisocial Personality Disorder Be Treated? A Meta-Analysis Examining the Effectiveness of Treatment in Reducing Recidivism for Individuals Diagnosed with ASPD," *International Journal of Forensic Mental Health* 13, no. 1 (2014): 36–46.
28. Nick J. Wilson and Armon Tamatea, "Challenging the 'Urban Myth' of Psychopathy Untreatability: The High-Risk Personality Programme," *Psychology, Crime and Law* 19, nos. 5–6 (2013): 493–510.
29. Adrian Raine, "Antisocial Personality as a Neurodevelopmental Disorder," *Annual Review of Clinical Psychology* 14 (2018): 259–289.
30. Rich Karlgaard, "Lance Armstrong—Hero, Doping Cheater and Tragic Figure," *Forbes*, July 31, 2012, https://www.forbes.com/sites/richkarlgaard/2012/06/13/lance-armstrong-hero-cheat-and-tragic-figure/#38d88c94795c.
31. "Lance Armstrong: A Ruinous Puncture for the Cyclopath," the *Sunday Times*, June 17, 2012, https://www.thetimes.co.uk/article/lance-armstrong-a-ruinous-puncture-for-the-cyclopath-vh57w9zgjs2.
32. Joseph Burgo, "How Aggressive Narcissism Explains Lance Armstrong," the *Atlantic*, January 28, 2013, https://www.theatlantic.com/health/archive/2013

/01/how-aggressive-narcissism-explains-lance-armstrong/272568/.
33. Will Pavia, "Up close with Hillary's aide, her husband and that sexting scandal," the *Times*, June 21, 2016, https://www.thetimes.co.uk/article/a-ringside-seat-for-the-sexting-scandal-that-brought-down-anthony-weiner-gp9gjpsk9.
34. David DeSteno and Piercarlo Valdesolo, *Out of Character: Surprising Truths About the Liar, Cheat, Sinner (and Saint) Lurking in All of Us* (New York: Harmony, 2013).
35. Take Stanley Milgram's "obedience to authority" experiments in which volunteers followed the order of a scientist and delivered what they thought was a fatal electric shock to another person. Psychologists recently analyzed a post-experimental survey the volunteers answered and found that many had been motivated by the grander cause of helping science—"a cause in whose name they perceive themselves to be acting virtuously and to be doing good." It's a similar story with Philip Zimbardo's notorious Stanford prison experiment, which had to be aborted prematurely after apparently normal volunteers recruited to play the role of prison guards started abusing the prisoners. Evidence recently emerged that the abusive volunteer guards thought their bad behavior would help make the case for the need for real-life prison reform. Again, bad behavior didn't flow from a sudden change in character so much as a change in perspective—a calculation that certain bad deeds may be for the greater good.
36. Roger Simon, "John Edwards Affair Not to Remember," *Boston Herald*, November 17, 2018, https://www.bostonherald.com/2008/08/18/john-edwards-affair-not-to-remember/.
37. Jeremy Whittle, "I Would Probably Dope Again, Says Lance Armstrong," the *Times*, January 27, 2015, https://www.thetimes.co.uk/article/i-would-probably-dope-again-says-lance-armstrong-j5lxcg5rtb; Matt Dickinson, "Defiant Lance Armstrong on the Attack," the *Times* (London), June 11, 2015, https://www.thetimes.co.uk/article/defiant-lance-armstrong-on-the-attack-9sgfszkzr5t; Daniel Honan, "Lance Armstrong: American Psychopath," *Big Think*, October 6, 2018, https://bigthink.com/think-tank/lance-armstrong-american-psychopath.

第七章

1. Arelis Hernández and Laurie McGinley, "Harvard Study Estimates Thousands Died in Puerto Rico Because of Hurricane Maria," June 4, 2018, https://www.washingtonpost.com/national/harvard-study-estimates-thousands-died-in-puerto-rico-due-to-hurricane-maria/2018/05/29/1a82503a-6070-11e8-a4a4-

c070ef53f315_story.html.
2. Kaitlan Collins, "Trump Contrasts Puerto Rico Death Toll to 'a Real Catastrophe like Katrina,'" CNN, October 3, 2017, https://edition.cnn.com/2017/10/03/politics/trump-puerto-rico-katrina-deaths/index.html.
3. "Puerto Rico: Trump Paper Towel-Throwing 'Abominable,'" *BBC News*, October 4, 2017, http://www.bbc.co.uk/news/world-us-canada-41504165.
4. Ben Jacob, "Trump Digs In Over Call to Soldier's Widow: 'I Didn't Say What the Congresswoman Said,'" the *Guardian*, October 18, 2017, https://www.theguardian.com/us-news/2017/oct/18/trump-allegedly-tells-soldiers-widow-he-knew-what-he-signed-up-for.
5. Alex Daugherty, Anita Kumar, and Douglas Hanks, "In Attack on Frederica Wilson Over Trump's Call to Widow, John Kelly Gets Facts Wrong," *Miami Herald*, October 19, 2017, http://www.miamiherald.com/news/politics-government/national—politics/article179869321.html.
6. The Goldwater rule, formulated in 1973, forbids psychiatrists and psychologists from making such claims about public officials. The name is a reference to the 1964 Republican presidential nominee, Barry Goldwater, who successfully sued *Fact* magazine for publishing a poll of two thousand psychiatrists that found half of them considered him "psychologically unfit" for office. During the Trump presidency, however, a growing band of psychiatrists and psychologists believed the danger posed by the former president's personality justified breaking the Goldwater rule.
7. There is a lot of overlap between psychopathy and narcissism, but they are distinct enough for it to be useful to examine them separately.
8. Joshua D. Miller, Courtland S. Hyatt, Jessica L. Maples-Keller, Nathan T. Carter, and Donald R. Lynam, "Psychopathy and Machiavellianism: A Distinction without a Difference?" *Journal of Personality* 85, no. 4 (2017): 439–453.
9. Jessica L. McCain, Zachary G. Borg, Ariel H. Rothenberg, Kristina M. Churillo, Paul Weiler, and W. Keith Campbell, "Personality and Selfies: Narcissism and the Dark Triad," *Computers in Human Behavior* 64 (2016): 126–133.
10. Nicholas S. Holtzman, Simine Vazire, and Matthias R. Mehl, "Sounds Like a Narcissist: Behavioral Manifestations of Narcissism in Everyday Life," *Journal of Research in Personality* 44, no. 4 (2010): 478–484.
11. Simine Vazire, Laura P. Naumann, Peter J. Rentfrow, and Samuel D. Gosling, "Portrait of a Narcissist: Manifestations of Narcissism in Physical Appearance," *Journal of Research in Personality* 42, no. 6 (2008): 1439–1447.
12. Alvaro Mailhos, Abraham P. Buunk, and Álvaro Cabana, "Signature Size Signals Sociable Dominance and Narcissism," *Journal of Research in Personality*

65 (2016): 43–51.
13. Miranda Giacomin and Nicholas O. Rule, "Eyebrows Cue Grandiose Narcissism," *Journal of Personality* 87, no. 2 (2019): 373–385.
14. Adapted from the "short dark triad" personality test available for free use at the website of Delroy Paulhus, accessed November 18, 2019, at http://www2.psych.ubc.ca/~dpaulhus/Paulhus_measures/.
15. Sara Konrath, Brian P. Meier, and Brad J. Bushman, "Development and Validation of the Single Item Narcissism Scale (SINS)," *PLoS One* 9, no. 8 (2014): e103469; Sander van der Linden and Seth A. Rosenthal, "Measuring Narcissism with a Single Question? A Replication and Extension of the Single-Item Narcissism Scale (SINS)," *Personality and Individual Differences* 90 (2016): 238–241.
16. Trump: "I have one of the greatest memories of all time," YouTube, accessed January 25, 2021, at https://www.youtube.com/watch?v=wnVpGoyKfKU.
17. Mark Leibovich, "Donald Trump Is Not Going Anywhere," the *New York Times*, September 29, 2015, https://www.nytimes.com/2015/10/04/magazine/donald-trump-is-not-going-anywhere.html.
18. Daniel Dale, "Trump Defends Tossing Paper Towels to Puerto Rico Hurricane Victims: Analysis," *Toronto Star*, October 8, 2017, https://www.thestar.com/news/world/2017/10/08/donald-trump-defends-paper-towels-in-puerto-rico-says-stephen-paddock-was-probably-smart-in-bizarre-tv-interview-analysis.html.
19. Lori Robertson and Robert Farley, "The Facts on Crowd Size," FactCheck.org, January 23, 2017, http://www.factcheck.org/2017/01/the-facts-on-crowd-size/.
20. Harry Cockburn, "Donald Trump Just Said He Had the Biggest Inauguration Crowd in History. Here Are Two Pictures That Show That's Wrong," *Independent*, January 26, 2017, http://www.independent.co.uk/news/world/americas/donald-trump-claims-presidential-inauguration-audience-history-us-president-white-house-barack-a7547141.html.
21. Trump: "I'm the least racist person anybody is going to meet," BBC News, January 26, 2018, https://www.bbc.co.uk/news/av/uk-42830165.
22. "Transcript: Donald Trump's Taped Comments about Women," the *New York Times*, October 8, 2016, https://www.nytimes.com/2016/10/08/us/donald-trump-tape-transcript.html.
23. Emily Grijalva, Peter D. Harms, Daniel A. Newman, Blaine H. Gaddis, and R. Chris Fraley, "Narcissism and Leadership: A Meta-Analytic Review of Linear and Nonlinear Relationships," *Personnel Psychology* 68, no. 1 (2015): 1–47.
24. Chin Wei Ong, Ross Roberts, Calum A. Arthur, Tim Woodman, and Sally Akehurst, "The Leader Ship Is Sinking: A Temporal Investigation of Narcissistic

Leadership," *Journal of Personality* 84, no. 2 (2016): 237–247.
25. Emanuel Jauk, Aljoscha C. Neubauer, Thomas Mairunteregger, Stephanie Pemp, Katharina P. Sieber, and John F. Rauthmann, "How Alluring Are Dark Personalities? The Dark Triad and Attractiveness in Speed Dating," *European Journal of Personality* 30, no. 2 (2016): 125–138.
26. Anna Z. Czarna, Philip Leifeld, Magdalena Śmieja, Michael Dufner, and Peter Salovey, "Do Narcissism and Emotional Intelligence Win Us Friends? Modeling Dynamics of Peer Popularity Using Inferential Network Analysis," *Personality and Social Psychology Bulletin* 42, no. 11 (2016): 1588–1599.
27. Harry M. Wallace, C. Beth Ready, and Erin Weitenhagen, "Narcissism and Task Persistence," *Self and Identity* 8, no. 1 (2009): 78–93.
28. Barbora Nevicka, Matthijs Baas, and Femke S. Ten Velden, "The Bright Side of Threatened Narcissism: Improved Performance following Ego Threat," *Journal of Personality* 84, no. 6 (2016): 809–823.
29. Jack A. Goncalo, Francis J. Flynn, and Sharon H. Kim, "Are Two Narcissists Better Than One? The Link Between Narcissism, Perceived Creativity, and Creative Performance," *Personality and Social Psychology Bulletin* 36, no. 11 (2010): 1484–1495; Yi Zhou, "Narcissism and the Art Market Performance," *European Journal of Finance* 23, no. 13 (2017): 1197–1218.
30. Ovul Sezer, Francesco Gino, and Michael I. Norton, "Humblebragging: A Distinct—and Ineffective—Self-Presentation Strategy," Harvard Business School working paper series 15-080, April 24, 2015, http://dash.harvard.edu/handle/1/14725901.
31. Virgil Zeigler-Hill, "Discrepancies Between Implicit and Explicit Self-Esteem: Implications for Narcissism and Self-Esteem Instability," *Journal of Personality* 74, no. 1 (2006): 119–144.
32. Emanuel Jauk, Mathias Benedek, Karl Koschutnig, Gayannée Kedia, and Aljoscha C. Neubauer, "Self-Viewing Is Associated with Negative Affect Rather Than Reward in Highly Narcissistic Men: An fMRI study," *Scientific Reports* 7, no. 1 (2017): 5804.
33. Christopher N. Cascio, Sara H. Konrath, and Emily B. Falk, "Narcissists' Social Pain Seen Only in the Brain," *Social Cognitive and Affective Neuroscience* 10, no. 3 (2014): 335–341.
34. Ulrich Orth and Eva C. Luciano, "Self-Esteem, Narcissism, and Stressful Life Events: Testing for Selection and Socialization," *Journal of Personality and Social Psychology* 109, no. 4 (2015): 707.
35. Joey T. Cheng, Jessica L. Tracy, and Gregory E. Miller, "Are Narcissists Hardy or Vulnerable? The Role of Narcissism in the Production of Stress-Related Bio-

markers in Response to Emotional Distress," *Emotion* 13, no. 6 (2013): 1004.
36. Michael Wolff, *Fire and Fury: Inside the Trump White House* (London: Abacus, 2019).
37. Matthew D'Ancona, "Desperate for a Trade Deal, the Tories Are Enabling Donald Trump," the *Guardian*, January 14, 2018, https://www.theguardian.com/commentisfree/2018/jan/14/trade-deal-tories-donald-trump.
38. Ashley L. Watts, Scott O. Lilienfeld, Sarah Francis Smith, Joshua D. Miller, W. Keith Campbell, Irwin D. Waldman, Steven J. Rubenzer, and Thomas J. Faschingbauer, "The Double-Edged Sword of Grandiose Narcissism: Implications for Successful and Unsuccessful Leadership among US Presidents," *Psychological Science* 24, no. 12 (2013): 2379–2389.
39. Charles A. O'Reilly III, Bernadette Doerr, and Jennifer A. Chatman, "'See You in Court': How CEO Narcissism Increases Firms' Vulnerability to Lawsuits," *Leadership Quarterly* 29, no. 3 (2018): 365–378.
40. Eunike Wetzel, Emily Grijalva, Richard Robins, and Brent Roberts, "You're Still So Vain; Changes in Narcissism from Young Adulthood to Middle Age," *Journal of Personality and Social Psychology* 119, no. 2 (2019): 479–496.
41. Joost M. Leunissen, Constantine Sedikides, and Tim Wildschut, "Why Narcissists Are Unwilling to Apologize: The Role of Empathy and Guilt," *European Journal of Personality* 31, no. 4 (2017): 385–403.
42. Erica G. Hepper, Claire M. Hart, and Constantine Sedikides, "Moving Narcissus: Can Narcissists Be Empathic?" *Personality and Social Psychology Bulletin* 40, no. 9 (2014): 1079–1091.
43. Joshi Herrmann, "'I Wouldn't Want to Spend More Than an Hour with Him but He Was . . .'," *Evening Standard*, November 4, 2014, https://www.standard.co.uk/lifestyle/london-life/i-wouldn-t-want-to-spend-more-than-an-hour-with-him-but-he-was-incredibly-bright-rurik-juttings-old-9837963.html.
44. Paul Thompson, "'The evil that I've inflicted cannot be remedied . . .'" *Daily Mail*, November 8, 2016, https://www.dailymail.co.uk/news/article-3906170/British-banker-Rurik-Jutting-GUILTY-murder-350-000-year-trader-faces-life-jail-torturing-two-sex-workers-death-luxury-Hong-Kong-apartment.html.
45. Kevin Dutton, *The Wisdom of Psychopaths* (New York: Random House, 2012).
46. Hervey Milton Cleckley, *The Mask of Sanity: An Attempt to Clarify Some Issues about the So-Called Psychopathic Personality* (Ravenio Books, 1964).
47. Herrmann, "'I Wouldn't Want to Spend More Than an Hour with Him but He Was . . .'"
48. Ana Seara-Cardoso, Essi Viding, Rachael A. Lickley, and Catherine L. Sebastian, "Neural Responses to Others' Pain Vary with Psychopathic Traits in

Healthy Adult Males," *Cognitive, Affective, and Behavioral Neuroscience* 15, no. 3 (2015): 578–588.
49. Joana B. Vieira, Fernando Ferreira-Santos, Pedro R. Almeida, Fernando Barbosa, João Marques-Teixeira, and Abigail A. Marsh, "Psychopathic Traits Are Associated with Cortical and Subcortical Volume Alterations in Healthy Individuals," *Social Cognitive and Affective Neuroscience* 10, no. 12 (2015): 1693–1704.
50. René T. Proyer, Rahel Flisch, Stefanie Tschupp, Tracey Platt, and Willibald Ruch, "How Does Psychopathy Relate to Humor and Laughter? Dispositions Toward Ridicule and Being Laughed At, the Sense of Humor, and Psychopathic Personality Traits," *International Journal of Law and Psychiatry* 35, no. 4 (2012): 263–268.
51. Scott O. Lilienfeld, Robert D. Latzman, Ashley L. Watts, Sarah F. Smith, and Kevin Dutton, "Correlates of Psychopathic Personality Traits in Everyday Life: Results from a Large Community Survey," *Frontiers in Psychology* 5 (2014): 740.
52. Verity Litten, Lynne D. Roberts, Richard K. Ladyshewsky, Emily Castell, and Robert Kane, "The Influence of Academic Discipline on Empathy and Psychopathic Personality Traits in Undergraduate Students," *Personality and Individual Differences* 123 (2018): 145–150; Anna Vedel and Dorthe K. Thomsen, "The Dark Triad Across Academic Majors," *Personality and Individual Differences* 116 (2017): 86–91.
53. Edward A. Witt, M. Brent Donnellan, and Daniel M. Blonigen, "Using Existing Self-Report Inventories to Measure the Psychopathic Personality Traits of Fearless Dominance and Impulsive Antisociality," *Journal of Research in Personality* 43, no. 6 (2009): 1006–1016.
54. Belinda Jane Board and Katarina Fritzon, "Disordered Personalities at Work," *Psychology, Crime and Law* 11, no. 1 (2005): 17–32.
55. Paul Babiak, Craig S. Neumann, and Robert D. Hare, "Corporate Psychopathy: Talking the Walk," *Behavioral Sciences and the Law* 28, no. 2 (2010): 174–193.
56. Steven Morris, "One in 25 Business Leaders May Be a Psychopath, Study Finds," *Guardian*, September 1, 2011, https://www.theguardian.com/science/2011/sep/01/psychopath-workplace-jobs-study.
57. Scott O. Lilienfeld, Irwin D. Waldman, Kristin Landfield, Ashley L. Watts, Steven Rubenzer, and Thomas R. Faschingbauer, "Fearless Dominance and the US Presidency: Implications of Psychopathic Personality Traits for Successful and Unsuccessful Political Leadership," *Journal of Personality and Social Psychology* 103, no. 3 (2012): 489.
58. J. Pegrum and O. Pearce, "A Stressful Job: Are Surgeons Psychopaths?" *Bulletin of the Royal College of Surgeons of England* 97, no. 8 (2015): 331–334.

59. Anna Katinka Louise von Borries, Inge Volman, Ellen Rosalia Aloïs de Bruijn, Berend Hendrik Bulten, Robbert Jan Verkes, and Karin Roelofs, "Psychopaths Lack the Automatic Avoidance of Social Threat: Relation to Instrumental Aggression," *Psychiatry Research* 200, nos. 2–3 (2012): 761–766.
60. Joshua W. Buckholtz, Michael T. Treadway, Ronald L. Cowan, Neil D. Woodward, Stephen D. Benning, Rui Li, M. Sib Ansari, Ronald M. Baldwin, Ashley N. Schwartzman, Evan S. Shelby, et al., "Mesolimbic Dopamine Reward System Hypersensitivity in Individuals with Psychopathic Traits," *Nature Neuroscience* 13, no. 4 (2010): 419.
61. Anne Casper, Sabine Sonnentag, and Stephanie Tremmel, "Mindset Matters: The Role of Employees' Stress Mindset for Day-Specific Reactions to Workload Anticipation," *European Journal of Work and Organizational Psychology* 26, no. 6 (2017): 798–810.
62. Clive R. Boddy, "Corporate Psychopaths, Conflict, Employee Affective Well-Being and Counterproductive Work Behaviour," *Journal of Business Ethics* 121, no. 1 (2014): 107–121.
63. Tomasz Piotr Wisniewski, Liafisu Yekini, and Ayman Omar, "Psychopathic Traits of Corporate Leadership as Predictors of Future Stock Returns," SSRN 2984999 (2017).
64. Olli Vaurio, Eila Repo-Tiihonen, Hannu Kautiainen, and Jari Tiihonen, "Psychopathy and Mortality," *Journal of Forensic Sciences* 63, no. 2 (2018): 474–477.
65. Natasha Singer, "In Utah, a Local Hero Accused," the *New York Times*, June 15, 2013, http://www.nytimes.com/2013/06/16/business/in-utah-a-local-hero-accused.html.
66. Sarah Francis Smith, Scott O. Lilienfeld, Karly Coffey, and James M. Dabbs, "Are Psychopaths and Heroes Twigs off the Same Branch? Evidence from College, Community, and Presidential Samples," *Journal of Research in Personality* 47, no. 5 (2013): 634–646.
67. Arielle Baskin-Sommers, Allison M. Stuppy-Sullivan, and Joshua W. Buckholtz, "Psychopathic Individuals Exhibit but Do Not Avoid Regret during Counterfactual Decision Making," *Proceedings of the National Academy of Sciences* 113, no. 50 (2016): 14438–14443.
68. Arielle R. Baskin-Sommers, John J. Curtin, and Joseph P. Newman, "Altering the Cognitive-Affective Dysfunctions of Psychopathic and Externalizing Offender Subtypes with Cognitive Remediation," *Clinical Psychological Science* 3, no. 1 (2015): 45–57.
69. Arielle Baskin-Sommers, "Psychopaths Have Feelings: Can They Learn How

to Use Them?" *Aeon*, November 18, 2019, https://aeon.co/ideas/psychopaths-have-feelings-can-they-learn-how-to-use-them.

第八章

1. Amber Gayle Thalmayer, Gerard Saucier, John C. Flournoy, and Sanjay Srivastava, "Ethics-Relevant Values as Antecedents of Personality Change: Longitudinal Findings from the Life and Time Study," *Collabra: Psychology* 5, no. 1 (2019).
2. This is the phenomenon I mentioned in chapter 5 that psychologists call the "better-than-average" effect, or the Lake Wobegon effect, after the fictional town where "all the women are strong, all the men are good-looking, and all the children are above average."
3. Alice Mosch and Peter Borkenau, "Psychologically Adjusted Persons Are Less Aware of How They Are Perceived by Others," *Personality and Social Psychology Bulletin* 42, no. 7 (2016): 910–922.
4. Tasha Eurich, *Insight: The Power of Self-Awareness in a Self-Deluded World* (New York: Macmillan, 2017).
5. Nathan W. Hudson, Daniel A. Briley, William J. Chopik, and Jaime Derringer, "You Have to Follow Through: Attaining Behavioral Change Goals Predicts Volitional Personality Change," *Journal of Personality and Social Psychology* 117, no. 4 (2019): 839.
6. Jeffrey A. Kottler, *Change: What Really Leads to Lasting Personal Transformation* (Oxford: Oxford University Press, 2018).
7. Phillippa Lally, Cornelia H. M. Van Jaarsveld, Henry W. W. Potts, and Jane Wardle, "How Are Habits Formed? Modelling Habit Formation in the Real World," *European Journal of Social Psychology* 40, no. 6 (2010): 998–1009.
8. James Clear, *Atomic Habits: An Easy & Proven Way to Build Good Habits & Break Bad Ones* (New York: Penguin, 2018).
9. Brent W. Roberts, "A Revised Sociogenomic Model of Personality Traits," *Journal of Personality* 86, no. 1 (2018): 23–35.
10. Richard Wiseman, *59 Seconds* (London: Pan Books, 2015); Gary Small and Gigi Vorgan, *Snap! Change Your Personality in 30 Days* (West Palm Beach, FL: Humanix Books, 2018).
11. Jeffrey A. Kottler, *Change: What Really Leads to Lasting Personal Transformation* (Oxford: Oxford University Press, 2018), 63.
12. Lester Luborsky, Jacques Barber, and Louis Diguer, "The Meanings of Nar-

ratives Told during Psychotherapy: The Fruits of a New Observational Unit," *Psychotherapy Research* 2, no. 4 (1992): 277–290.
13. Kottler, *Change*, 92.
14. Alex Fradera, "When and Why Does Rudeness Sometimes Spread Round the Office?" *BPS Research Digest*, May 4, 2018, https://digest.bps.org.uk/2016/10/11/when-and-why-does-rudeness-sometimes-spread-round-the-office/.
15. Joseph Chancellor, Seth Margolis, Katherine Jacobs Bao, and Sonja Lyubomirsky, "Everyday Prosociality in the Workplace: The Reinforcing Benefits of Giving, Getting, and Glimpsing," *Emotion* 18, no. 4 (2018): 507.
16. David Kushner, "Can Trauma Help You Grow?" the *New Yorker*, June 19, 2017, https://www.newyorker.com/tech/annals-of-technology/can-trauma-help-you-grow.
17. Yuanyuan An, Xu Ding, and Fang Fu, "Personality and Post-Traumatic Growth of Adolescents 42 Months after the Wenchuan Earthquake: A Mediated Model," *Frontiers in Psychology* 8 (2017): 2152; Kanako Taku and Matthew J. W. McLarnon, "Posttraumatic Growth Profiles and Their Relationships with HEXACO Personality Traits," *Personality and Individual Differences* 134 (2018): 33–42.
18. Rodica Ioana Damian, Marion Spengler, Andreea Sutu, and Brent W. Roberts, "Sixteen Going on Sixty-Six: A Longitudinal Study of Personality Stability and Change across 50 Years," *Journal of Personality and Social Psychology* 117, no. 3 (2019): 674.
19. Jessica Schleider and John Weisz, "A Single-Session Growth Mindset Intervention for Adolescent Anxiety and Depression: 9-Month Outcomes of a Randomized Trial," *Journal of Child Psychology and Psychiatry* 59, no. 2 (2018): 160–170.
20. "Anthony Joshua v Andy Ruiz: British Fighter Made 'Drastic Changes' after June Loss," *BBC Sport*, https://www.bbc.co.uk/sport/boxing/49599343.

后 记

1. Martin Selsoe Sorensen, "Reformed Gang Leader in Denmark Is Shot Dead Leaving Book Party," the *New York Times*, November 21, 2018, https://www.nytimes.com/2018/11/21/world/europe/denmark-gang-leader-book-nedim-yasar.html.
2. Marie Louise Toksvig, *Rødder: En Gangsters Udvej: Nedim Yasars Historie* (Copenhagen: People'sPress, 2018).
3. "Newsday—Former Gangster Shot Dead—as He Left His Own Book Launch—BBC Sounds," *BBC News*, November 22, 2018, https://www.bbc.co.uk/sounds

/play/p06shwwm.
4. Jill Suttie, "Can You Change Your Personality?" *Greater Good*, February 20, 2017, https://greatergood.berkeley.edu/article/item/can_you_change_your_personality.